2020 개정증보판

농작업안전 보건기사
2차 실기 문제집

편저 : 이 주영, 홍 평표

• 농촌진흥청의 「농작업 안전보건관리」 교재 및 시험출제기준에 맞추어 문제구성
• 상세한 해설과 도표정리로 이해와 정리가 한번에 가능하도록 효율적으로 구성
• 제1회 및 제2회 실기기출문제 및 해설수록

www.고시이앤피.kr

머리말

농작업안전보건기사는 농작업과 관련한 유해요인의 관리와 농작업 근골격계 질환 등 건강을 관리하고, 농촌에서의 안전생활을 지도하며 농작업과 관련된 보호장구류 관리업무를 수행하는 자를 말합니다.

2018년 처음 시행된 이후 2019년 제2회까지 시험이 치루어졌습니다.
객관식인 1차 시험과 단단형 서술형 혼합 시험인 2차 시험으로 구분되어 시행되고 있는데, 1차 시험은 합격률이 제1회 시험이 84.4%, 제2회 시험이 86.2%일 정도로 매우 높은 반면, 2차 시험의 합격률은 제1회 시험이 16.8%, 제2회시험이 25.7%로 다소 낮아, 2차 시험이 합격의 당락을 결정하는 가장 중요한 변수라고 할 수 있으며, 2차시험의 학습계획을 잘 짜는 것이 매우 중요하다고 할 수 있습니다.

본 수험서는 농촌진흥청에서 펴낸 「농작업 안전보건관리」 교재를 기본으로 목차와 내용을 구성하였으며, 두 번에 걸쳐 시행된 기출문제의 출제경향을 철저히 분석하고, 산업안전기사등 관련 시험들의 최신 기출문제들을 참고하여 각 part별로 엄선된 문제들과 함께 해설과 도표 등을 풍부히 수록함으로써, 본교재의 학습만으로도 기본교재를 정독하는 효과와 함께 이해와 정리를 효율적으로 극대화할 수 있도록 하였습니다.

본서가 수험생의 욕구를 얼마나 충족하고, 시험에서 얼마나 도움이 될지는 미지수입니다.

단지, 한자 한자 나름 심혈을 기울여 쓴 실기문제집이 수험생 여러분이 수험준비하는 동안 어둠을 밝혀주는 등불과 같은 역할을 할 수 있기를 간절히 바랄뿐입니다.

아무쪼록 본서로 공부한 수험생 여러분들이 2020년에는 반드시 농작업안전보건기사 시험에 합격하여 우리나라 농작업안전분야의 중추적인 역할을 담당할 수 있기를 기원합니다.

끝으로 본서가 나오기까지 물심양면으로 도움을 주신 선후배님과 동도제현 여러분들께 깊은 감사의 말씀을 전합니다.

2020년 6월 싱그러운 초여름날
저자 識

시험안내

2020년도 농작업안전보건기사 자격시험 안내

01. 시험일정

구 분	원서접수기간	시험일자	합격자발표
제1차 시험	08월 25일 ~ 08월 28일	9월 20일(토)	10월 8일(목)
제2차 시험	10월 12일(월) 09:00~ 10월 15일(목) 18:00	11월 15일(일)	12월 20일(금)

02. 시험과목 및 시험시간

구 분	시험과목	시험방법
제1차 시험	① 농작업과 안전보건교육 ② 농작업 안전관리 ③ 농작업 보건관리 ④ 농작업 안전생활	객관식 4지 택일형 과목당 20문항 (과목당 30분)
제2차 시험	① 농작업안전보건실무	필답형(1시간30분)

03. 응시자격 및 결격사유 : 제한 없음

04. 합격자 결정 방법

○ 필기 : 100점을 만점으로 하여 과목당 40점 이상, 전과목 평균 60점 이상
○ 실기 : 100점을 만점으로 하여 60점 이상
○ 검정현황

연도	필기			실기		
	응 시	합 격	합격률(%)	응 시	합 격	합격률(%)
2019				951	244	25.66%
2019	708	610	86.2%	1,611	271	16.8%
2018	1503	1268	84.4%			

농작업안전보건기사 출제기준

출제기준-(필기)

직무분야	안전관리	중직무분야	안전관리	적용기간	2018.7.1.~2020.12.31

○ 직무내용 : 농업인의 삶의 질 향상을 위하여 농작업의 특성을 고려하고, 농작업 안전보건교육 계획의 수립·실시·평가·개선 등의 업무를 수행하고, 농작업과 관련한 위험요인을 예측·확인·대책을 제시하고, 농작업과 관련한 유해요인의 관리와 농작업 근골격계질환 등 건강을 관리하고, 농촌에서의 안전생활을 지도하며, 농작업 관련한 보호장구류 관리 업무를 수행하는 직무

필기검정방법	객관식	문제수	80	시험시간	2시간

과목명	문제수	주요항목	세부항목	세세항목
농작업과 안전보건교육	20	1. 농작업 안전보건	1. 농작업 안전보건 이해	1. 농작업 안전보건의 개념 2. 농업인 건강관리의 개념 3. 농작업 재해의 정의 4. 농작업 안전보건 통계지표
			2. 농작업 안전보건 특성	1. 주요 농작업 유해요인 2. 농작업 안전보건관리의 특성 3. 국내외 농작업 안전보건 제도
		2. 농작업 안전보건 교육	1. 농작업 안전보건 교육이론	1. 안전보건 교육의 이해 2. 안전보건 교육 과정 및 방법 3. 안전보건 교육 평가
			2. 농작업 안전보건 교육 실무	1. 안전보건 교육계획 수립 2. 안전보건 교육 실시 3. 안전보건 교육 평가·개선
		3. 농작업 안전보건 관련법	1. 농업인 안전보건 관련법	1. 농어업인 삶의 질 향상 및 농어촌지역개발 촉진에 관한 특별법령 (농작업안전보건에 관한 사항) 2. 농어업인의 안전보험 및 안전재해예방에 관한 법률(령)
			2. 농기자재 안전·보건 관련법	1. 농약관리법령(농작업 안전보건에 관한 사항) 2. 농업기계화 촉진법령(농작업 안전에 관한 사항)

과목명	문제수	주요항목	세부항목	세세항목
농작업 안전관리	20	1. 안전관리 이론	1. 안전관리 개요	1. 안전관리 개념 및 정의 2. 안전심리
			2. 안전관리 점검·계획	1. 농작업 안전 점검 2. 농작업 안전보건 표지 3. 농작업 안전관리 개선계획
		2. 농업인 안전관리	1. 농작업 재해현황	1. 표본통계 기반 재해현황 이해 2. 보상통계 기반 재해현황 이해
			2. 사고 원인조사 및 대책수립	1. 사고 원인조사방법 2. 안전대책 보고서 작성
			3. 재해유형별 안전관리	1. 넘어짐 사고 예방관리 2. 떨어짐 사고 예방관리 3. 질식 사고 예방관리 4. 기타 사고 예방관리
		3. 농기자재 안전관리	1. 농업기계 안전관리	1. 농업기계 사용 일반 안전지침 2. 농업기계 안전점검 및 보관·관리 3. 농업기계 방호장치 및 등화장치 4. 농업기계 교통사고 안전
			2. 기종별 농업기계 안전관리	1. 트랙터 및 부속작업기 안전이용지침 2. 경운기, 관리기 안전이용지침 3. 파종이식·관리용 기계 안전이용지침 4. 수확가공용 기계 안전이용지침 5. 축산시설운반용 기계 안전이용지침
			3. 농약 안전관리	1. 농약 안전사용법 2. 농약 보관 및 관리
			4. 기타 농자재 안전관리	1. 농자재 안전사용 2. 농자재 안전보관 및 폐기

과목명	문제수	주요항목	세부항목	세세항목
농작업 보건관리	20	1. 농작업 환경의 건강 유해요인	1. 유해요인의 평가	1. 노출평가 방법 2. 개인평가 3. 지역평가
			2. 화학적 유해요인	1. 유해요인(농약 등) 유형 2. 유해요인(농약 등) 노출 특성 3. 유해요인(농약등)의 허용기준 및건강영향 4. 유해요인(농약 등)의 노출 관리방안
			3. 물리적 유해요인	1. 유해요인 유형 2. 유해요인 노출 특성 3. 유해요인의 허용기준 및 건강영향 4. 유해요인의 노출 관리방안
			4. 생물학적 유해요인	1. 유해요인 유형 2. 유해요인 노출 특성 3. 유해요인의 허용기준 및 건강영향 4. 유해요인의 노출 관리방안
		2. 농작업 근골격계 질환관리	1. 근골격계 질환 개요	1. 근골격계 질환의 개념 2. 근골격계 질환의 발생요인 3. 근골격계 부위별 질환사례
			2. 근골격계 질환 유해요인 확인	1. 근골격계 부담작업 평가 2. 근골격계 부담작업과 건강상 징후 3. 근골격계 부담작업 개선
		3. 농작업 관련 주요 질환	1. 농약중독 관리	1. 농약중독 개요 2. 농약중독 관련 요인 3. 농약중독 예방관리
			2. 감염성 질환 관리	1. 감염성 질환 개요 2. 감염성 질환 관련 요인 3. 감염성 질환 예방관리
			3. 호흡기계 질환 관리	1. 호흡기계 질환 개요 2. 호흡기계 질환 관련 요인 3. 호흡기계 질환 예방관리
			4. 스트레스 관리	1. 스트레스 개요 2. 스트레스 관련 요인 3. 스트레스 예방관리
			5. 기타 건강관리	1. 뇌심혈관 질환 2. 피부 질환 3. 온열관련 질환 4. 농업인 직업성 암 등

과목명	문제수	주요항목	세부항목	세세항목
농작업 안전생활	20	1. 농촌생활 안전관리	1. 농작업 시설 전기·화재안전	1. 전기·화재의 개요 2. 전기·화재의 위험요인 3. 전기·화재의 안전 대책 4. 사고시 대처 방법
			2. 온열·한랭·자외선 안전	1. 온열·한랭·자외선 유해·위험요인 2. 온열·한랭·자외선 안전 건강 대책 3. 사고시 대처 방법
			3. 가축, 야생동물·곤충 등 관련 안전	1. 가축, 야생동물·곤충 등 유해·위험 요인 2. 가축, 야생동물·곤충 등 안전 대책 3. 사고시 대처 방법
			4. 기타 농촌생활 안전	1. 지역사회 교통안전 2. 식생활 안전 3. 주생활 안전 4. 농촌 재난 대비 안전관리
		2. 농작업자 개인보호구	1. 농작업자 개인보호구 선정 및 사용, 유지관리	1. 개인보호구 개요 2. 안전모의 종류·사용·관리 3. 눈·안면보호구의 종류·사용·관리 4. 청력보호구의 종류·사용··관리 5. 호흡보호구의 종류·사용··관리 6. 안전장갑·안전화의 종류·사용·관리 7. 안전복 및 기타 보호구의 종류·사용·관리
		3. 응급처치	1. 응급상황별 대응방법	1. 심폐소생술 2. 기도폐쇄시 응급처치 3. 저혈당시 응급처치 4. 경련시 응급처치 5. 외상시 응급처치 6. 농약중독 응급처치

출제기준_(실기)

직무분야	안전관리	적용기간	2018.7.1~2020.12.31.
○ 직무내용 : 농업인의 삶의 질 향상을 위하여 농작업의 특성을 고려하고, 농작업 안전보건교육 계획의 수립·실시·평가·개선 등의 업무를 수행하고, 농작업과 관련한 위험요인을 예측·확인·대책을 제시하고, 농작업과 관련한 유해요인의 관리와 농작업 근골격계질환 등 건강을 관리하고, 농촌에서의 안전생활을 지도하며, 농작업 관련한 보호장구류 관리 업무를 수행하는 직무			
○ 수행준거 : 1. 농업인·농작업의 특성을 고려하여 안전보건수준에 적합한 교육을 농업인이 이해하기 쉽게 교육할 수 있다. 2. 농기자재의 실제적인 위험요인을 확인하고, 농기자재의 사고로 인한 대처방법을 점검할 수 있다. 3. 농작업과 관련한 위험요인을 확인하고, 농작업 관련 사고를 예방 및 지도할 수 있다. 4. 농업인 유해요인 노출 여부를 확인하고, 실현 가능한 유해요인 대책을 제시할 수 있다. 5. 농작업 작업자세, 작업조건에 따른 인간공학적 유해요인을 확인하고, 평가결과에 따라 개선 우선순위를 정할 수 있다. 6. 농작업성 질환의 증상을 파악하고 예방·관리에 필요한 정보를 제공할 수 있으며, 응급상황 대처에 필요한 지도를 할 수 있다. 7. 농촌생활에서 발생할 수 있는 사고 예방과 안전을 지도할 수 있다. 8. 농작업 유해요인 방호에 적합한 보호장구류를 선정하고, 농업인에게 보호장구류를 안전하게 사용할 수 있도록 지도할 수 있다.			
실기검정방법	필답형	시험시간	1시간 30분

주요항목	세부항목	세세항목
1. 농작업 안전보건교육	1. 농작업 안전보건 교육계획 수립하기	1. 안전보건교육 관련 법령, 기준, 지침을 확인할 수 있다. 2. 농업인·농작업의 특성을 고려한 안전보건교육의 정기적인 계획을 수립할 수 있다. 3. 농업인·농작업의 특성을 고려한 안전보건교육 계획안을 수시로 작성할 수 있다. 4. 농업인 교육에 필요한 자료, 기자재를 사전에 준비할 수 있다. 5. 농업인의 안전보건교육 참여를 높이기 위한 방안을 수립할 수 있다.
	2. 농작업 안전보건 교육제공하기	1. 안전보건교육의 연간 계획에 따라 교육을 실시할 수 있다. 2. 농업인 안전보건교육에 필요한 매체를 활용할 수 있다. 3. 농업인의 안전보건수준에 적합한 교육을 실시할 수 있다. 4. 농업인의 의식과 행동에 변화를 가져올 때까지 지속적으로 교육을 실시할 수 있다.
	3. 농작업 안전보건 인식제고하기	1. 농업인의 안전보건 인식제고를 위한 활동계획안을 작성할수 있다. 2. 안전보건 인식제고를 위한 적합한 활동을 수행할 수 있다. 3. 농업인의 안전보건 인식변화 수준을 평가할 수 있다.
	4. 농작업 사고 조사교육하기	1. 농작업으로 인한 사고·사례에 대한 정보를 수집할 수 있다. 2. 농작업으로 인한 사고의 원인을 분석할 수 있다. 3. 실현 가능한 농작업 사고예방 대책을 제시할 수 있다. 4. 농업인이 이해하기 쉽게 교육할 수 있다.
	5. 농작업 응급조치 교육하기	1. 응급상황이 발생하지 않도록 사전에 예방할 수 있다. 2. 응급상황에 따른 처치를 할 수 있다. 3. 응급상황에 적합한 장비를 사용 할 수 있다. 4. 응급상황에 적절한 대응이 가능한 의료기관을 모색할 수 있다. 5. 농업인이 응급조치를 실시할 수 있도록 지속적으로 교육할 수 있다.
	6. 농작업 안전보건교육 평가·개선하기	1. 안전보건교육을 평가하기 위한 절차를 수립할 수 있다. 2. 안전보건교육을 평가할 수 있는 기준을 작성할 수 있다. 3. 농업인의 안전보건인식을 평가할 수 있다. 4. 안전보건교육에 대한 평가보고서를 작성할 수 있다. 5. 안전보건교육 평가결과에 따라 인식제고를 위한 효율적인 교육으로 개선할 수 있다.

주요항목	세부항목	세세항목
2. 농기자재 안전관리	1. 농기계 안전관리하기	1. 농작업 작업환경, 작업의 흐름을 조사할 수 있다. 2. 농기계에 대한 위험요인을 관련 법령, 기준, 지침을 고려하여 사전에 확인할 수 있다. 3. 농업인의 작업행동과 작업방법을 분석할 수 있다. 4. 농기계에 잠재하고 있는 위험요인을 예측할 수 있다. 5. 농기계 사용전 안전점검에 필요한 개인 보호장구를 준비할 수 있다. 6. 농업인의 작업행동, 작업방법 준수 여부를 점검할 수 있다. 7. 농기계의 실제적인 위험요인을 확인할 수 있다. 8. 농업인의 농기계 작업시 신체위험 발생 시 작업중지를 요청할 수 있다. 9. 농기계 안전점검을 관련법령, 기준, 지침에 따라 적절한 방법으로 시행할 수 있다. 10. 농기계의 사고로 인한 대처방법을 점검할 수 있다. 11. 농기계 사용 위험요인을 파악할 수 있다. 12. 농기계에 관한 관련법령, 기준, 지침을 설명할 수 있다. 13. 농기계 사용방법을 설명할 수 있다. 14. 농기계 사용 전·후의 문제의 개선대책을 제시할 수 있다. 15. 농기계 사용에 관한 안전지식을 제시할 수 있다.
	2. 농기계 외 기타 농기자재 안전관리하기	1. 농작업 작업환경, 작업의 흐름을 조사할 수 있다. 2. 기타 농기자재에 대한 위험요인을 관련 법령, 기준, 지침을 고려하여 사전에 확인할 수 있다. 3. 농업인의 작업행동과 작업방법을 분석할 수 있다. 4. 기타 농기자재에 잠재하고 있는 위험요인을 예측할 수 있다. 5. 기타 농기자재 사용전 안전점검에 필요한 개인 보호장구를 준비할 수 있다. 6. 농업인의 작업행동, 작업방법 준수 여부를 점검할 수 있다. 7. 기타 농기자재의 실제적인 위험요인을 확인할 수 있다. 8. 농업인의 기타 농기자재 작업시 신체위험 발생 시작업중지를 요청할 수 있다. 9. 기타 농기자재 안전점검을 관련법령, 기준, 지침에 따라 적절한 방법으로 시행할 수 있다. 10. 기타 농기자재의 사고로 인한 대처방법을 점검할 수 있다. 11. 기타 농기자재 사용 위험요인을 예측할 수 있다. 12. 기타 농기자재에 관한 관련법령, 기준, 지침을 설명할 수 있다. 13. 기타 농기자재 사용방법을 설명할 수 있다. 14. 기타 농기자재 사용 전·후의 문제의 개선대책을 제시할 수 있다. 15. 기타 농기자재 사용에 관한 안전지식을 제시할 수 있다.

주요항목	세부항목	세세항목
	3. 농약기자재 안전관리하기	1. 농약기자재 사용관련 위험요인을 예측할 수 있다. 2. 농약기자재 작업에 대하여 안전하게 점검을 시행할 수 있다. 3. 농약기자재 작업에 대해서 실현가능한 개선대책을 제시할 수 있다. 4. 생명과 건강에 심각하고 즉각적으로 영향을 줄 수 있다고 판단할 경우 작업중지를 요청할 수 있다. 5. 농약으로 인한 건강상 징후를 확인할 경우 필요한 조치를 취할 수 있다. 6. 농업인에게 농약기자재 안전관리에 필요한 개인보호장구류에 대한 정보를 제공할 수 있다.
3. 농작업 손상관리	1. 농작업 위험요인 예측하기	1. 농작업 관련 작업환경 및 흐름을 조사할 수 있다. 2. 농작업 위험요인을 관련 법령, 기준, 지침을 고려하여 사전에 확인할 수 있다. 3. 농업인의 작업행동 및 방법에 대해서 분석할 수 있다. 4. 농작업에 잠재하고 있는 위험요인을 예측할 수 있다. 5. 농작업 위험요인 확인시 필요한 개인 보호장구를 사전에 준비할 수 있다.
	2. 농작업 위험요인 확인하기	1. 농업인의 작업행동, 작업방법 준수여부를 점검할 수 있다. 2. 농기자재 사용관련 위험요인을 확인할 수 있다. 3. 농업인 생명에 영향을 줄 수 있다고 판단할 경우 작업 중지를 요청할 수 있다. 4. 농기자재 안전점검을 안전하고 건강한 방법으로 시행할 수 있다. 5. 농기자재의 사고로 인한 대처방법을 점검할 수 있다.
	3. 농작업 위험요인 대책제시하기	1. 농작업 특성 관련 위험요인에 대한 대책을 수립할 수 있다. 2. 농작업환경관련 위험요인에 대한 대책을 수립할 수 있다. 3. 농작업 방법 위험요인에 대한 대책을 수립할 수 있다. 4. 농작업 관련 사고원인을 분석할 수 있다. 5. 농작업 관련 사고를 예방 및 지도할 수 있다.

주요항목	세부항목	세세항목
4. 농작업 유해요인관리	1. 농작업 유해요인 예측하기	1. 농작업 작업환경, 작업의 흐름을 조사할 수 있다. 2. 농작업에 대한 유해요인을 관련 법령, 기준, 지침을 고려하여 사전에 확인할 수 있다. 3. 농업인의 작업행동, 작업방법에 대해서 분석할 수 있다. 4. 농작업에 잠재하고 있는 유해요인을 예측할 수 있다. 5. 농작업 유해요인 확인에 필요한 개인 보호장구를 준비할 수 있다.
	2. 농작업 유해요인 확인하기	1. 농업인의 작업행동, 작업방법 준수 여부를 확인할 수 있다. 2. 농업인의 건강상 징후를 확인할 수 있다. 3. 농작업 유해요인 노출 여부를 확인할 수 있다. 4. 생명과 건강에 심각하고 즉각적으로 영향을 줄 수 있다고 판단할 경우 작업 중지를 요청할 수 있다. 5. 농작업 유해요인을 안전하고 건강한 방법으로 확인할 수 있다.
	3. 농작업 유해요인 평가하기	1. 농업인 작업행동, 작업방법 준수 확인 결과를 평가할 수 있다. 2. 농업인의 건강상 징후 확인 결과를 평가할 수 있다. 3. 농작업 유해요인 노출수준을 평가할 수 있다.
	4. 농작업 유해요인 대책 제시하기	1. 유해요인에 노출되는 농작업 환경 개선계획을 수립할 수 있다. 2. 농작업으로 인한 유해요인 노출 예방과 관리방안을 제시할 수 있다. 3. 농작업 유해요인 대책을 제시하여 농작업 환경을 개선할 수 있다. 4. 실현 가능한 농작업 유해요인 대책을 제시할 수 있다. 5. 개선된 농작업 환경을 유지·관리할 수 있다.

주요항목	세부항목	세세항목
5. 농작업 근골격계 질환관리	1. 농작업 근골격계 부담 작업 사전 조사하기	1. 농작업 작업환경, 작업의 흐름을 조사할 수 있다. 2. 농작업과 관련한 근골격계 질환 유해요인을 관련 기준, 지침을 고려하여 사전에 확인 할 수 있다. 3. 농작업 특성에 따라 근골격계부담작업을 유발할 수 있는 작업자세 작업조건을 예측할 수 있다. 4. 농작업 관련 근골격계 질환 증상과 징후를 식별 할 수 있다.
	2. 농작업 근골격계질환 유해요인 확인하기	1. 농업인의 근골격계 질환 증상 유무를 확인할 수 있다. 2. 농작업 작업자세, 작업조건에 따른 인간공학적 유해요인을 확인할 수 있다. 3. 건강상 심각하고 긴급한 증후가 있다고 판단 할 경우 농업인에게 의학적 조치를 요청할 수 있다.
	3. 인간공학적 평가하기	1. 농작업에 대한 인간공학적 위험성을 평가 할 수 있다. 2. 인간공학적 평가결과를 해석 및 활용 할 수 있다. 3. 인간공학적 평가결과에 따라 개선우선순위를 정할 수 있다.
	4. 농작업 근골격계 부담작업 개선대책 제시하기	1. 농작업 근골격계부담작업 개선보고서를 작성할 수 있다. 2. 농작업 유해요인에 대한 인간공학적 개선방안을 제시할 수 있다. 3. 근골격계부담작업 증상호소자에 대해서 의학적 정보를 제공할 수 있다. 4. 농업인 근골격계 질환 예방에 필요한 교육, 훈련 정보를 제공할 수 있다. 5. 안전하고 건강한 근골격계 질환 작업환경을 유지·관리 할 수 있다.

주요항목	세부항목	세세항목
6. 농업인 질환관리	1. 농약중독 관리하기	1. 농업인의 농약중독 원인·위험요인을 파악할 수 있다. 2. 농업인의 농약중독 증상을 식별할 수 있다. 3. 농업인의 농약중독을 예방·관리할 수 있다. 4. 농업인의 농약중독에 필요한 정보를 제공할 수 있다. 5. 농업인의 농약중독과 관련된 응급상황 발생 시 응급조치를 할 수 있다. 6. 농업인 스스로가 농약중독과 관련 응급상황에 대처할 수 있도록 필요한 지도를 실시할 수 있다.
	2. 스트레스관리하기	1. 농업인의 스트레스 원인·위험요인을 분석할 수 있다. 2. 농업인의 스트레스 증상을 파악할 수 있다. 3. 농업인의 스트레스를 예방·관리할 수 있다. 4. 농업인의 스트레스 예방·관리에 필요한 정보를 제공할 수 있다. 5. 스트레스와 관련된 응급상황 발생 시 응급조치를 실시할 수 있다. 6. 스트레스와 관련된 응급상황 대처에 필요한 지도를 실시할 수 있다.
	3. 감염성질환 관리하기	1. 농업인의 주요 감염성질환 원인·위험요인을 분석할 수 있다. 2. 농업인의 주요 감염성질환 증상을 식별할 수 있다. 3. 농업인의 주요 감염성질환을 예방·관리할 수 있다. 4. 농업인의 주요 감염성질환 예방·관리에 필요한 정보를 제공할 수 있다. 5. 주요 감염성질환 응급상황 발생 시 응급조치를 실시할 수 있다. 6. 주요 감염성질환자의 응급상황 대처에 필요한 지도를 실시할 수 있다.
	4. 호흡기계 질환 관리하기	1. 농업인의 주요 호흡기계 질환 원인·위험요인을 분석할 수 있다. 2. 농업인의 주요 호흡기계 질환 증상을 식별할 수 있다. 3. 농업인의 주요 호흡기계 질환을 예방·관리할 수 있다. 4. 농업인의 주요 호흡기계 질환 예방·관리에 필요한 정보를 제공할 수 있다. 5. 주요 호흡기계 질환 응급상황 발생 시 응급조치를 실시할 수 있다. 6. 주요 호흡기계 질환자의 응급상황 대처에 필요한 지도를 실시할 수 있다.

주요항목	세부항목	세세항목
	5. 피부질환, 뇌심혈관 질환, 온열 관련 질환, 농업인 직업성 암, 과로 등 기타 건강장해 관리하기	1. 농업인의 피부질환 등 기타 건강장해의 원인·위험요인을 분석할 수 있다. 2. 농업인의 피부질환 등 기타 건강장해의 증상을 식별할 수 있다. 3. 농업인의 피부질환 등 기타 건강장해를 예방·관리할 수 있다. 4. 농업인의 피부질환 등 기타 건강장해에 필요한 정보를 제공할 수 있다. 5. 농업인의 피부질환 등 기타 건강장해와 관련된 응급상황 발생 시 응급조치를 실시할 수 있다. 6. 농업인 스스로가 피부질환 등 기타 건강장해와 관련 응급상황에 대처할 수 있도록 필요한 지도를 실시할 수 있다.
7. 농촌안전 생활지도	1. 농촌 감전·화재 안전생활지도하기	1. 농촌생활 관련 감전·화재로 인한 위험을 예측할 수 있다. 2. 농촌생활 관련 감전·화재로 인한 위험을 적합한 방법으로 확인할 수 있다. 3. 농촌생활 실현가능한 감전·화재 방지대책을 제시하여 사고를 예방할 수 있다. 4. 농촌생활 관련 감전·화재로 부터 응급상황 발생 시 응급조치를 실시할 수 있다. 5. 농업인 스스로가 감전·화재로 인한 응급상황에 대처할 수 있도록 필요한 지도를 실시할 수 있다. 6. 농업인 생명에 심각하고 즉각적인 위험이 있다고 판단할 경우 즉시 필요한 조치를 요청할 수 있다.
	2. 농촌 추위·더위·자외선으로부터 안전생활지도하기	1. 농촌 생활 관련 추위·더위·자외선으로 인한 유해 위험을 예측할 수 있다. 2. 농촌 생활 관련 추위·더위·자외선으로 인한 유해 위험을 적합한 방법으로 확인할 수 있다. 3. 농촌 생활 실현가능한 추위방지·더위방지·자외선차단 대책을 제시하여 사고·건강장해를 예방할 수 있다. 4. 농촌생활 관련 추위·더위·자외선으로 인한 응급상황 발생 시 응급조치를 실시할 수 있다. 위험이 있다고 판단할 경우 즉시 필요한 조치를 요청할 수 있다. 5. 농업인 스스로가 추위·더위·자외선로 인한 응급상황에 대처할 수 있도록 필요한 지도를 실시할 수 있다. 6. 농업인 생명에 심각하고 즉각적인 위험이 있다고 판단할 경우 즉시 필요한 조치를 요청할 수 있다.

주요항목	세부항목	세세항목
7. 농촌안전 생활지도	3. 곤충·동식물 안전 생활지도하기	1. 농촌생활 관련 곤충·동식물로 인한 유해·위험을 예측할 수 있다. 2. 농촌생활 관련 곤충·동식물로 인한 유해·위험을 적합한 방법으로 확인할 수 있다. 3. 농촌생활 실현가능한 곤충·동식물 유해·위험 방지대책을 제시하여 사고·건강장해를 예방할 수 있다. 4. 농촌생활 관련 곤충·동식물로 인한 응급상황 발생 시 응급조치를 실시할 수 있다. 5. 농업인 스스로가 곤충·동식물로 인한 응급상황에 대처할 수 있도록 필요한 지도를 실시할 수 있다. 6. 농업인 생명에 심각하고 즉각적인 위험이 있다고 판단할 경우 즉시 필요한 조치를 요청할 수 있다.
	4. 일반생활 및 환경안전관리하기	1. 의식주 및 주변생활 환경 관련 위험을 예측할 수 있다. 2. 의식주 및 주변생활 환경 관련 위험을 적합한 방법으로 확인할 수 있다. 3. 의식주 및 주변생활 환경 관련 위험 방지 대책을 제시하여 사고를 예방할 수 있다. 4. 의식주 및 주변생활 환경 관련 위험으로 부터 응급상황 발생 시 응급조치를 실시할 수 있다. 5. 의식주 및 주변생활 환경 관련 위험으로 인한 응급상황에 대처할 수 있도록 필요한 지도를 실시할 수 있다. 6. 농업인 생명에 심각하고 즉각적인 위험이 있다고 판단할 경우 즉시 필요한 조치를 요청할 수 있다.
	5. 교통사고·넘어짐·떨어짐 등 기타 위험으로부터 안전생활지도하기	1. 교통사고·넘어잠떨어짐 등 기타 위험을 예측할 수 있다. 2. 기타 위험을 적합한 방법으로 확인할 수 있다. 3. 기타 위험 방지 대책을 제시하여 사고를 예방 할 수 있다. 4. 기타 위험으로부터 응급상황 발생 시 응급조치를 실시할 수 있다. 5. 기타 위험으로 인한 응급상황에 대처할 수 있도록 필요한 지도를 실시할 수 있다. 6. 농업인 생명에 심각하고 즉각적인 위험이 있다고 판단할 경우 즉시 필요한 조치를 요청할 수 있다.
	6. 농촌재난대비 대응하기	1. 재해·재난관련 전문정보를 농업인에게 제공할 수 있다. 2. 재해·재난관련 유관기관으로부터 재해·재난대비에 관련한 정보를 농업인에게 제공할 수 있다. 3. 재해·재난대비에 필요한 조치방안을 농업인에게 제공할 수 있다. 4. 재해·재난 발생 시 적합한 대응방법을 농업인에게 제공할 수 있다. 5. 재해·재난 발생결과 개선이 필요한 재난대비대응 방안을 재난관련 유관기관에 제시할 수 있다.

주요항목	세부항목	세세항목
8. 농작업 보호장구류 관리	1. 농작업 보호장구류 선정하기	1. 농작업의 특성을 설명할 수 있다. 2. 농작업 보호장구류를 관계법령에 따라 적격성여부를 판단할 수 있다. 3. 농작업 유해요인 방호에 적합한 보호장구류를 선정할 수 있다.
	2. 농작업 보호장구류 사용지도하기	1. 농작업 보호장구류에 대한 안전한 사용요령을 설명할 수 있다. 2. 농업인에게 보호장구류를 안전하게 사용할 수 있도록 지도할 수 있다. 3. 부적절한 보호장구류 사용으로 인한 손상에 대해서 적절한 조치를 취할 수 있다. 4. 농작업 시 손상된 보호장구류의 수리방법을 제시할 수 있다 5. 농작업 시 손상된 보호장구류의 사용이 농업인의 신체적 위험에 있다고 판단할 경우 사용중지를 요청할 수 있다.
	3. 농작업 보호장구류 유지관리지도하기	1. 농작업보호장구류의 유지관리에 필요한 정보를 제공할 수 있다. 2. 농업인이 보호장구류를 적절하게 유지관리 하고 있는지를 확인할 수 있다. 3. 농작업보호장구류를 관리에 필요한 지침서를 작성할 수 있다. 4. 손상된 보호장구류를 농업인에게 폐기를 요청할 수 있다.

차례

제1편 농작업 안전보건 교육

- **제1장** 농작업 안전보건 개요 ········ 22
- **제2장** 농작업 안전보건 관리의 특성 ········ 27
- **제3장** 농작업 안전보건교육 ········ 30

제2편 농작업 사고예방 및 농기자재 사용 안전

- **제1장** 안전관리 이론 ········ 46
- **제2장** 농업인 안전관리 ········ 73
- **제3장** 농업기계 안전관리 ········ 83
- **제4장** 농약 안전관리 ········ 97

제3편 농작업 위험요인 및 직업성 질환 관리

- **제1장** 농작업환경의 건강 위험요인 평가 개요 ········ 101
- **제2장** 화학적 위험요인 ········ 105

제3장	물리적 위험요인	109
제4장	생물학적 위험요인	116
제5장	농작업 근골격계질환 관리	117
제6장	농작업 관련 주요 질환 관리	132

제4편 농작업 안전생활

제1장	농촌생활 안전관리	153
제2장	농업인을 위한 개인보호구	188
제3장	응급처치	211

제5편 농작업 안전보건 법규

| 제1장 | 농업인 안전보건 관련법 | 222 |
| 제2장 | 농기자재 안전보건 관련법 | 230 |

| 부록 | 〈부록〉 제1회 실기 기출문제 및 해설 | 239 |
| 부록 | 〈부록〉 제2회 실기 기출문제 및 해설 | 246 |

과목

농작업 안전보건 실무

제1편 농작업 안전보건 교육

제1장 농작업 안전보건 개요

01 다음 보기의 (   )안에 알맞은 용어를 쓰시오.

> 농작업 재해란 '농업 생산을 위한 활동 및 부수적 활동으로 인한 부상·질병·신체장애 또는 사망으로 규정하며 농작업, 작업조건, 작업환경과 재해 사이에 상당한 (①)가 있는 것으로 나타난 (②), (③) 또는 (④)등을 포함한다

답

정답 ① 인과관계, ② 농약중독, ③ 농부폐증, ④ 농기계 사고
출처 교재 16p

02 우리나라에서 운영되고 있는 4대 사회보험을 쓰시오.

답

정답 ① 산재보험, ② 의료보험(건강보험), ③ 국민연금, ④ 고용보험
출처 교재 17p

03 농업인 또는 농업근로자에게 발생한 안전재해를 보상하기 위하여 정책보험은?

답

정답 농업인 안전재해보험
출처 교재 17p

04 다음 보기의 (   )안에 알맞은 용어를 차례대로 쓰시오.

> 앞으로 (①) 농업·농촌과 농업인 (②) 향상을 위한 정책은 기존의 소득보장을 통한 경제기반 정책에서 (③) 정책을 강화하는 방향으로 법과 제도, 정책이 마련되어야 한다.

답

정답 ① 지속가능한,
② 삶의 질, ③ 사회보장
출처 교재 17p

05 유해요인이 인간공학적 요인과 육체노동일 경우, 관련되는 질병 2가지를 쓰시오.

답

정답 ① 근골격계 질환, ② 손상
출처 교재 18p

보충 농업인의 농작업 환경 유해요인과 질병

유해요인	작업환경	질병
인간공학적 요인과 육체노동	대부분의 농작업	근골격계질환, 손상
자외선 및 야외 환경	야외 작업	일광화상, 열탈진, 열경련, 열사병, 피부염, 피부암, 백내장, 동상
소음과 진동	트랙터, 경운기, 예초기	소음성 난청(c5-dip), 수완진동증후군, 요통, 요추추간판탈출증
분진(유기, 무기), 흄, 가스	축산, 버섯, 화훼, 비닐하우스 등 실내작업, 건초저장고	비염, 천식, 만성기관지염, 과민성폐장염, 유기먼지독성증후군, 농부폐증, 질식
농약	대부분의 작물과 축산	급성 농약 중독, 피부질환, 신경계 질환, 호흡기 질환, 생식독성, 면역독성, 악성 종양
생물학적 요인	축산, 양계, 퇴비작업	감염성 질환, 알레르기성 피부염
기 타	생강굴, 담뱃잎 수확, 야외 작업	질식사, 담뱃잎농부증, 교상

06 작업환경이 트랙터, 경운기, 예초기일 경우, 관련되는 질병 3가지를 쓰시오.

답

> 정답 ① 소음성 난청, ② 수완진동증후군,
> ③ 요통, ④ 요추 추간판탈출증
> 출처 교재 18p

07 농업인 건강관리 문제의 원인 4가지를 쓰시오.

답

> 정답 농업인 건강관리 문제의 원인
> ① 작업 관련성 질환에 대한 진단의 어려움
> ② 농업인들의 작업특성 이해에 대한 어려움
> ③ 농업인들의 건강과 노동 강도와의 관련성
> ④ 고령연령
> 출처 교재 19p

08 다음 주어진 조건에 따른 재해율, 사망만인율, 도수율(빈도율), 강도율을 구하시오.

- 임금근로자수 : 1,000명,
- 재해자수 : 5명,
- 사망자수 : 2명,
- 재해건수 : 40건,
- 근로손실일수 : 200일
- 근로총시간수 : 2,000,000시간 (2,000시간 × 1,000명)
- 연근로시간수 : 2,000시간 (40시간, 50주)

답

> 정답
> - 재해율 = (재해자수 / 임금근로자수) × 100 = (5/1,000) × 100 = 0.5
> - 사망만인율 = (사망자수 / 임금근로자수) × 10,000 = (2/1,000) × 10,000 = 20
> - 도수율(빈도율) = (재해건수 / 연근로시간수) × 1,000,000 = (40/2,000) × 1,000,000 = 20,000
> - 강도율 = (근로손실일수 / 근로총시간수) × 1,000 = (20/80,000) × 1,000 = 0.25
> 출처 교재 20~21p

09 근로자수 300명, 총 근로 시간수 48시간 × 50주이고, 연재해건수는 200건 일 때 이 사업장의 강도율은? (단, 연 근로 손실일수는 800일로 한다.)

답

정답 1.11

출처 2017 제1회 산업안전기사 1차 기출

해설 강도율 = (근로손실일수 / 근로총시간수) × 1,000
= (800 / 48시간 × 50주 × 300명) × 1,000 = 1.11
근로총시간 = 총근로시간수 × 근로자수 = 48시간 × 50주 × 300명

10 어떤 사업장의 상시근로자 1000명이 작업 중 2명 사망자와 의사진단에 의한 휴업일수 90일 손실을 가져온 경우의 강도율은? (단, 1일 8시간, 연 300일 근무)

답

정답 6.28

출처 2018 제2회 산업안전기사 1차 기출

해설 강도율 = (근로손실일수 / 근로총시간수) × 1,000

$$= \frac{(7500 \times 2) + (90 \times \frac{300}{365})}{8 \times 300 \times 1000} \times 1,000 = 6.28$$

근로총시간 = 총근로시간수 × 근로자수 = 8시간 × 300일 × 1000명
사망시 근로손실일수 : 7500일

11 연천인율 45인 사업장의 도수율은 얼마인가?

답

정답 18.75

출처 2019.제2회 산업안전기사 1차 기출

해설 연천인율 = 도수율 × 2.4
연천인율 ; 근로자 1,000명 중 재해자수 비율

12 도수율이 12.5인 사업장에서 근로자 1명에게 평생 동안 약 몇 건의 재해가 발생하겠는가? (단, 평생근로년수는 40년, 평생근로시간은 잔업시간 400시간을 포함하여 80000시간으로 가정한다.)

답 _____

정답 1건

출처 2017. 제2회 산업안전기사 1차 기출문제

해설 도수율(빈도율) = (평생 재해건수 / 평생 근로시간수) × 1,000,000
12.5 = (평생재해건수 / 80000) × 1,000,000
∴ (12.5×80000) / 1,000,000 = 평생재해건수 = 1건

13 A 사업장의 강도율이 2.5이고, 연간 재해발생 건수가 12건, 연간 총 근로 시간수가 120만시간 일 때 이 사업장의 종합재해지수는 약 얼마인가?

답 _____

정답 5.0

출처 2017. 제3회 산업안전기사 1차 기출문제

해설 도수율(빈도율) = (연간 재해건수 / 연간 총 근로시간수) × 1,000,000
= (12/1200000) × 1,000,000 = 10
종합재해지수 = $\sqrt{강도율 \times 도수율}$ = $\sqrt{2.5 \times 10}$ = 5.0

14 다음 내용의 (   )안에 알맞은 용어를 골라서 쓰시오.

> 농산업근로자의 재해율은 전체 산업 평균재해율보다 1.5~2배 가까이 높은 재해율을 보이고 있다. 실제 근로사업장에서 ① (여성, 남성)일수록, ② (고령자, 연소자)일수록, 사업징의 규모가 ③ (작을수록, 클수록) 재해율이 높다는 것을 고려할 때, 산재보상보험에 가입하지 못한 소규모 자영 농업인의 경우 산재보상보험에 가입된 농산업근로자의 재해율 보다 높게 나타날 것으로 추정된다.

답 _____

정답 ① 여성, ② 고령자, ③ 작을수록

출처 교재 21p

15 다음 내용의 ( )안에 알맞은 용어를 순서대로 쓰시오.

> 농촌진흥청에서 2009년부터 국가승인통계(제 143003호)로서, 매년 전국 1만 호의 표본 농가를 대상으로 (①)(짝수해)와 (②)(홀수해)를 격년으로 수행하여 농업인의 업무상 재해율을 생산하고 있다.

답

정답 ① 질병조사, ② 손상조사
출처 교재 22p

16 ① 농민의 업무상 질병유병률 중 가장 높은 비중을 차지하는 질환과 ② 농업인의 업무상 손상 중 가장 높은 비중을 차지하는 사고를 쓰시오.

답

정답 ① 농민의 업무상 질병유병률 중 가장 높은 비중을 차지하는 질환 : 근골격계질환
② 농업인의 업무상 손상 중 가장 높은 비중을 차지하는 사고 : 미끄러지거나 넘어지는 전도사고
출처 교재 22p, 107p
보충 • 업무상질병 : 근골격계질환이 약 70% 이상 차지, 다음으로 순환기계 질환 순
• 업무상 손상 : 남성은 농기계 관련 사고 (경운기관련사고가 가장 많음), 여성은 넘어짐 사고

제2장 농작업 안전보건 관리의 특성

01 농작업과 농업인들의 특징 3가지를 쓰시오.

답

정답 ① 농작업의 비표준화
② 노동 집약적인 작업 특성
③ 특정 기간 동안에 집중된 작업
④ 인구의 고령화 및 여성 농업인의 증가
⑤ 노동 인력 공급의 제한에 따른 작업량의 증가
⑥ 다양한 건강·안전 위험요인의 발생
⑦ 제한된 의료혜택
출처 교재 23p
보충 2019년 제2회 1차 필기 기출문제

02 벼(수도작) 농작시 위험요인 및 질환 3가지를 쓰시오.

답

정답 ① 농약 ② 근골격계질환
③ 곡물분진 등 (호흡기 질환, 동물매개 감염병 등)

출처 작목별 주요 위험요인 및 관련질환 (교재 24p)

작목분류	작목세분류	작목세세분류	위험요인 및 질환
원예	시설원예	채소	• 농약 (각종 급성중후군, 만성 신경영향, 면역기능 약화 등) • 불편한 자세 및 반복 동작 (요통, 관절염 등) • 알레르기원 (피부염, 호흡기질환) • 밀폐 및 고온다습 환경 (협압 상승, 호흡곤란 등)
		화훼	
		버섯	
	노지원예	노지채소	• 농약 (각종 급성중후군, 만성 신경영향, 면역기능 약화 등) • 불편한 자세 및 반복 동작 (요통, 관절염 등) • 뜨거운 햇볕 (열사병, 피부질환 등)
		과수	
벼(수도작)			• 농약 • 근골격계질환 • 곡물분진 등 (호흡기 질환, 동물매개 감염병 등)
축산			• 유기성먼지 (호흡기 질환 및 패혈증 등) • 암모니아 가스 중독

03 농업인 업무상 재해를 효과적으로 관리하기 위한 4단계와 각 단계별 기능을 1가지씩 쓰시오

답

정답 예방단계 – 건강유해요인 평가/감소
감시단계 – 재해발생현황 모니터링
보상단계 – 재해보상보험법 개발
재활/건강관리단계 – 상시 건강관리 시설

출처 농작업 재해예방·관리의 4단계와 단계별 기능 (교재 25p)

단계	기능	비고
예방 (가장 선행되어 수행되어야 함)	• 건강유해요인 평가/감소 • 안전 교육/훈련 • 지역단위 농작업안전모델 • 편이장비	예방과 재활/건강관리는 농업인에 대한 실질적인 대국민 서비스라는 점에서 국가기관과 지자체가 연계하여 수행해야 하는 기능
감시	• 재해발생현황 모니터링 • 재해통계 생산, 분석, 정책 반영	감시와 보상은 연구와 정책에 기반을 둔 기능으로서 농림축산식품부, 농촌진흥청 등의 국가 단위 기관에서 수행을 해야 하는역할
보상	• 재해보상보험법 개발 • 판정기준 개발 • 보상수준, 범위 확정	
재활/건강관리	• 상시 건강관리 시설 • 재활 프로그램 개발 • 직업성질환 치료지침	국가기관과 지자체가 연계하여 수행

04 국제노동기구(ILO)에서는 규정하고 있는 3대 고위험 업종을 쓰시오.

답

정답 ① 광업, ② 건설업, ③ 농업
출처 교재 26p

05 다음 보기의 (　　)안에 들어갈 알맞은 용어를 쓰시오.

> 농촌진흥청에서는 1990년대 들어서면서 농업인 건강에 관심을 갖고(①) 조사를 시작하였으며 그 후, 농업인 건강이 사회문제로 부각되기 시작하였다. 2000년대 초반에서야 농부증이라는 모호한 개념이 아닌 농업인 업무상 재해 ((②)과 (③))의 개념이 도입되었다.

답

정답 ① 농부증, ② 직업성 질환, ③ 안전사고
출처 교재 26p

06 「농어업인 안전보험 및 안전재해 예방에 관한 법령」에 의할 경우, 농업인 업무상 재해 예방을 주관하는 기관은?

답

정답 농촌진흥청
출처 교재 27p

07 핀란드, 독일, 오스트리아에서 재해 예방과 보상을 담당하는 기관은?

답

정답 농업인 사회보험공단
출처 교재 28p
보충 독일 : 농업인 안전감독관(TAD)으로 운용
미국 : 농작업 안전농가 인증제 CSF(Certified Safe Farm)

제3장 농작업 안전보건교육

01 농작업 안전보건 교육의 특수성 3가지를 쓰시오.(6점)

답

정답 농작업 안전보건 교육의 특수성
① 교육목표가 실천성이 강조되는 농업인의 행동변화에 역점을 둔다.
② 교육내용은 특수한 장기교육을 제외하고는 당면한 과제의 해결과 신기술·정보 등 실용도가 높은 내용이 강조된다.
③ 남녀노소, 기술수준과 요구의 차이 등 교육대상자의 사회, 경제적 특성이 다양하다.
④ 교육대상자의 다양성, 교육내용의 전문성과 실용성, 농업의 취약성 등으로 인하여 농업인 교육 담당자에게 높은 수준의 교수능력을 요구한다.
⑤ 농촌성인교육으로서 농업인의 참여증진과 구체적 경험획득을 위한 실증적 교육이 중요하다.
⑥ 농업인의 장기출타 집합교육이 어려워 단기핵심기술교육 및 수시 영농단계별 현장교육이 요구된다.
출처 교재 34p
참고 2019년 제2회 필기1차 기출문제

02 성인학습자의 특성 3가지를 쓰시오.(6점)

답

정답 ① 필요한 것을 배우고자 하는 높은 학습동기를 갖고 있다.
② 쉽게 옳고 그른 답을 말하지 않는다.
③ 교재가 적합하고 실질적이기를 원한다.
④ 실제 해결방안이 주어졌을 때 변화한다.
⑤ 시간을 소중하게 생각한다.
⑥ 전문성을 갖추고 효과적으로 전달하는 강사를 존중한다.
⑦ 자신의 경험과 삶을 강의 내용에 반영한다.
⑧ 성인들은 자기 주도적으로 학습한다.
⑨ 지도하고 지원하는 퍼실리테이터(facilitator)를 선호한다.
⑩ 의사결정에 참여하고 싶어 한다.
⑪ 젊은 학생들보다 유연하지 못하다.
⑫ 성인들의 관심사와 능력은 개인에 따라 차이가 많다.
⑬ 학습능력에 대한 자신감이 부족할 경우가 있다.
⑭ 성인들은 집단을 이루어 협력하는 활동을 원한다.
⑮ 자신이 일하고, 생각하고, 행동하여 보고하기를 바란다.
출처 교재 35~36p

03 성인학습자를 위한 효과적인 교수학습 전략 3가지를 쓰시오.

답

정답 ① 주제 중심 보다는 문제 중심으로 접근한다.
② 즉각적으로 적용하고 활용할 수 있는 지식과 기능에 초점을 둔다.
③ 이전의 경험을 파악하여 통합한다.
④ 강사는 교육 참가자의 요구에 유연하게 대응하는 촉진자의 역할을 수행한다.
⑤ 학습절차에 교육 참가자를 참여시킨다.
⑥ 전체에서 부분으로, 다시 부분에서 전체로의 원리를 활용한다.
⑦ 개인차를 수용하는 다양한 교수기법을 제공한다.
⑧ 학습내용, 기대되는 학습결과, 평가기준 등을 명확히 제시한다.
⑨ 이해 정도를 자주 점검하고 적절한 피드백을 제공한다.
출처 교재 36p
참고 2019년 제2회 필기1차 기출문제

04 안전교육의 목적 3가지를 쓰시오.

정답
① 기본적으로 신체적, 정신적 안전을 확보한다.
② 기본적인 안전교육의 목적 달성을 통해 직·간접적인 경제적 손실을 방지할 수 있다.
③ 경제적 손실 방지와 근로자의 안전에 대한 안도감으로 생산성이 향상되고 안전한 가정을 도모할 수 있다.
출처 교재 37p

05 안전교육의 주요 필요시점 3가지를 쓰시오.

정답
① 새로운 직무를 접할 시
② 새로운 장비를 마련할 시,
③ 새로운 작업 방법을 도입할 시
출처 교재 38p

06 안전교육이 다른 교육과 차별적인 특징 3가지를 쓰시오.

정답 ① 지행일치, ② 완전성,
③ 교육훈련효과의 지속
출처 교재 38p

보충 1. 지행일치 : 아는 것뿐만 아니라 실천하는 태도를 육성하는 것이 더 중요하다.
2. 완전성 : 안전교육훈련의 교육지도로 항상 100점 만점의 성과를 달성해야 한다.
3. 교육훈련 효과의 지속 : 끈기있고 꾸준한 노력으로 불안전 행위를 시정시키고자 노력해야 한다

07 신체적, 정신적 안전을 위한 안전교육이 진행되어야 하는 방향 3가지를 쓰시오.

답

정답
① 인간 정신의 안전화
② 인간 행동의 안전화
③ 설비의 안전화
④ 환경의 안전화

출처 교재 38p

보충 신체적, 정신적 안전을 위한 안전교육의 진행방향

구 분	내 용
인간 정신의 안전화	안전 의식을 일깨워 줌
인간 행동의 안전화	작업의 과정이나 과정 중의 행동들이 능숙하고 안전해야 함
설비의 안전화	작업을 하기 위해 다루는 도구나 설비들을 안전하게 유지해야 함
환경의 안전화	작업을 하는 주위 환경을 쾌적하게 유지할 수 있어야 함

08 하버드 학파의 안전교육 5단계 교수법을 쓰시오.

답

정답 하버드 학파의 5단계 교수법
① 제1단계 : 준비시킨다 (preparation)
② 제2단계 : 교시한다. (presentation)
③ 제3단계 : 연합한다. (association)
④ 제4단계 : 총괄한다. (generalization)
⑤ 제5단계 : 응용한다. (application)

참고 2019년 제2회 필기 1차 기출문제

09 O.J.T(On the Job Training)의 장점 3개를 쓰시오.

정답
① 개개인에게 적절한 지도훈련이 가능하다.
② 직장의 실정에 맞는 실제적 훈련이 가능하다.
③ 즉시 업무에 연결되는 관계로 몸(신체)과 관계가 있다.
④ 훈련에 필요한 업무의 계속성이 끊어지지 않는다.
⑤ 효과가 곧 업무에 나타나며 결과에 따른 개선이 쉽다.
⑥ 훈련 효과를 보고 상호 신뢰 이해도가 높아진다.

출처 2018년 제1회 필기 기출문제

보충 O.J.T 와 Off.JT

구 분	O.J.T	Off.JT
장 점	정답 참조	① 다수의 근로자에게 조직적 훈련을 시행하는 것이 가능하다. ② 훈련에만 전념하게 된다. ③ 전문가를 강사로 초빙하는 것이 가능하다. ④ 특별한 설비나 기구를 이용하는 것이 가능하다. ⑤ 각 직장의 근로자가 많은 지식이나 경험을 교류할 수 있다. ⑥ 교육 훈련 목표에 대하여 집단적 노력이 흐트러질 수도 있다.
단 점	① 훌륭한 상사가 꼭 훌륭한 교사는 아니다. ② 일과 훈련의 양쪽이 반반이 될 가능성이 있다. ③ 다수의 종업원을 한번에 훈련할 수 없다. ④ 통일된 내용과 동일 수준의 훈련이 될 수 없다. ⑤ 전문적인 고도의 지식·기능을 가르칠 수 없다.	① 개인에게 적절한 지도와 훈련이 불가능하다. ② 실제적·현실적 훈련이 불가능하다. ③ 강사에 따라서 훈련의 효과가 없다. ④ 교육훈련 목표에 대하여 집단적 노력이 흐트러질 수도 있다.

10 안전교육의 목적을 달성하기 위한 3단계교육과정을 쓰시오.

답

정답 ① 안전 지식교육,
② 안전 기능교육,
③ 안전 태도교육
출처 교재 38p

보충 안전교육의 목적을 달성하기 위한 3단계교육과정

구 분	내 용	비 고
지식 교육	안전의식의 향상, 안전의 책임감 주입, 기능 및 태도교육에 필요한 기초지식 주입, 안전규정 숙지 등을 포함	지식 교육의 4단계 ① 제 1 단계 : 도입(준비) – 학습할 준비를 시킨다. ② 제 2 단계 : 제시(설명) – 작업을 설명한다. ③ 제 3 단계 : 적용(응용) – 작업을 시켜본다. ④ 제 4 단계 : 확인(총괄, 평가) – 가르친 뒤 살펴본다.
기능 교육	교육대상자가 스스로 행함으로써 할 수 있는 상태가 되도록 하는 것이다. 안전 기능교육은 교육 대상자가 요령을 체득하여 안전에 대한 숙련성이 증가하는 것으로 달성된다	기능 교육의 3원칙 ① 준비철저 ② 위험작업의 규제화 ③ 안전 작업의 표준화
태도 교육	안전 기능을 실제적으로 수행을 하도록 하는 교육 ① 작업방법 및 순서를 준수하려는 의지 ② 관련 전문가를 활용하려는 협력적 자세 ③ 유해위험 요인에 대한 주의 깊은 관찰	태도 교육의 4원칙 ① 청취한다(hearing) ② 이해, 납득시킨다(understand) ③ 모범을 보인다(example) ④ 평가한다(eval!uaion)

11 프로그램 학습법의 특징 3가지를 쓰시오.

정답
① 매 학습마다 즉각적인 피드백을 할 수 있다.
② 학습자 자신의 지능, 능력, 학습속도 등 개인차를 고려할 수 있다.
③ 자기가 원하는 시간, 원하는 장소에서 학습할 수 있다.

보충 **프로그램 학습법의 단점**
1. 프로그램 개발에 많은 시간, 노력이 소요된다
2. 구성원간의 의사소통이 곤란하여 창의력 증진이 곤란하다.
* 예컨대 학습부진학생에게 개별적으로 학습결과에 대해 즉각적인 피드백을 주면서 부족한 점을 체계적으로 지도하는 방법이 프로그램학습법이므로 구성원간의 의사소통은 곤란하다.

참고 2019년 제2회 필기1차 기출문제

12 교수체제 개발(ISD, instructional systems. development)의 특징 3개를 쓰시오.

정답 ① 논리적 순서를 갖는 체계성(systematic)을 띤다.
② 체제적(systemic) 과정으로 학습에 영향을 미칠 수 있는 모든 상황적·맥락적 변인을 고려한다.
③ ISD의 각 단계들은 신뢰롭다(reliable).
④ 분석, 설계, 개발, 실행, 평가의 과정이 반복되는 순환적(iterative) 과정이다.
⑤ 자료에 기초한 경험적(empirical) 의사결정에 기반한다.

참고 2018년 제1회 필기 1차 기출문제

13 ADDIE 모형의 구성요소인 5가지 과정을 쓰시오.(8점)

답

> 정답 ① 분석 (Analysis), ② 설계 (Design), ③ 개발 (Development),
> ④ 실행 (Implementation), ⑤ 평가 (Evaluation)
> 출처 교재 41p
> 참고 2018년 제1회 필기 1차 기출문제

14 다음 보기의 (   )안에 알맞은 용어를 쓰시오.

> 분석 단계에서는 (①)을 실시한다. 이 때 (②)란 지식, 기술, 태도의 부족으로 인해 발생한 현재 상태와 바람직한 상태의 차이를 의미한다. (③)은 학습자들의 학습요구를 결정하기 위해 현재 상태에 관한 정보를 수집하고 평가하는 과정이며 궁극적으로는 개인에게 요구되는 지식, 스킬 및 태도와 현재 갖추고 있는 지식, 스킬 및 태도 간의 격차를 규명한다.

답

> 정답 ① 요구사정,
> ② 요구, ③ 요구분석
> 출처 교재 42p

15 설계의 2가지 관점 중 구성주의 관점에서의 교수학습전략 2가지를 쓰시오.

답

> 정답 ① 문제중심학습, ② 액션러닝
> 출처 교재 43p

보충 객관주의 관점과 구성주의 관점

구 분	객관주의	구성주의
주 체	• 교수자 중심 설계	• 학습자 중심 설계
목 적	• 지식의 효과적인 전달	• 학습자 주도의 학습촉진
주요 전략	• 강의식 교수법 • 동기유발 전략	• 문제중심학습 • 액션러닝

16 설계 단계에서 가장 중요한 것 중 하나는 학습목표를 설정하는 것인데, 학습목표가 지니는 의의 3가지를 쓰시오.

🗹 답

> **정답** ① 구체적인 학습내용을 선정하고 교수학습 전략을 수립하는데 핵심이 된다.
> 2. 학습이 제대로 이루어졌는지의 평가기준으로 활용될 수 있다.
> 3. 교수설계자 뿐만 아니라 학습자, 교수자, 운영자 간의 의사소통 도구이다.
> **출처** 교재 43~44p

17 Mager의 행동목표 진술 방법 3요소를 쓰시오.

🗹 답

> **정답** ① 행위, ② 조건(상황), ③ 기준(준거)
> **출처** 교재 44p

보충 메이거 (Mager)의 행동목표 진술 방법

3요소	내 용
행 위	• '학습이 끝났을 때, 학습자가 수행하기를 기대하는 행위'를 의미한다. • 행위는 행위동사(설명하다, 비교하다, 구분하다 등)를 통해 서술된다. (이해하다는 행위동사에 포함되지 않음)
조 건	• '학습자가 과제를 수행하는 환경'을 의미한다. • 학습자가 기대하는 행위를 수행할 때 처하게 될 환경 및 조건이다.
기 준	• '정답으로 인식될 수 있는 범위'를 의미한다. • 학습자가 기대하는 행위를 달성했는지를 평가할 때 쓰이는 기준이다.

18 농작업 안전교육 프로그램의 학습내용 구성시 주의할 점 3가지를 쓰시오.

🗹 답

> **정답** ① 중요한 개념과 핵심 포인트를 빠뜨리지 않도록 한다.
> ② 특별히 주의를 기울일 필요가 없는 부분은 강조하지 않는다.
> ③ 한 번 제시한 내용을 반복하지 않는 것이다.
> **출처** 교재 45p

19 기존의 자원을 활용하는 경우 교재를 선정하기 위해서 고려해야 할 4영역을 쓰시오.

답

> 정답 ① 형식, ② 교육과정,
> ③ 학습자, ④ 교수법
> 출처 교재 47p

20 교재를 개발할 때 고려해야 할 사항 3가지를 쓰시오.

답

> 정답 ① 시간 활용 가능성 ② 전문가 활용 가능성
> ③ 필요한 재원의 확보 ④ 교재 개발 관련 결정
> ⑤ 교재 사용 대상자 ⑥ 교재 개발자
> 출처 교재 48P
> 참고 2018년 제1회 필기 1차 기출문제

21 프로그램을 운영하는 중에도 지속적인 점검이 필요하며 이 때 확인해야 할 사항 3가지를 쓰시오.

답

> 정답 ① 모든 강사와 다른 스텝들은 참석하여 준비하고 있어야 한다.
> ② 강의실은 강의의 변화에 따라 배치되어야 한다.
> ③ 학습자들의 관심과 문제는 제 때에 정중하게 설명한다.
> ④ 장비는 항상 작동되어야 한다.
> ⑤ 음식과 다과는 정시간에 준비되고 도착하여야 한다.
> ⑥ 정확한 유인물과 그 밖의 지원은 이용 가능해야 한다.
> ⑦ 평가자료는 계획된 대로 수거되어야 한다.
> ⑧ 강사와 발표자는 정해진 스케줄을 따라야 한다.
> 출처 교재 48P

22 농작업 안전보건 교육 프로그램 평가의 효과 3가지를 쓰시오.

> **정답** ① 교수학습 활동의 개선 ② 학습자의 학습증진 유도
> ③ 학습환경의 질 개선 ④ 프로그램에 대한 지지 확대
> **출처** 교재 49P

23 다음 보기의 (   )안에 알맞은 용어를 쓰시오.

> - 프로그램 평가는 형성평가와 총괄평가의 두 가지로 구분할 수 있고, 평가 대상은 크게 인지적 영역, 정의적(태도) 영역, 심동적(운동기술) 영역으로 구분할 수 있다.
> - 인지적 영역에 대한 평가 방법으로는 대표적으로 질문지법과 (①)이 있다.
> - 정의적 영역에 대한 평가 방법으로는 (②)과 관찰법이 있다.
> - 심동적 영역에 대한 평가 방법으로는 (③)과 관찰법이 있다.

> **정답** ① 구두 질문법,
> ② 자기보고법, ③ 실기시험법
> **출처** 교재 50p

24 안전보건 교육의 우선순위 결정 기준을 3가지 쓰시오.

> **정답** ① 많은 사람에게 영향을 미치는 문제를 우선 선정
> ② 심각한 영향을 미치는 문제를 우선 선정
> ③ 문제를 해결하기 위한 효과적인 교육방법의 실현 가능성 고려
> ④ 효율성을 높이기 위해 경제적 측면 및 인력에 대한 고려
> ⑤ 교육내용에 대한 교육 대상자의 관심과 자발성 고려
> **출처** 교재 51p
> **참고** 2018년 제1회 필기 1차 기출문제

25 설문조사를 통한 요구분석을 실시하기 위해서 반드시 포함되어야 하는 질문 3가지를 쓰시오.

답

정답 ① 현재 문제가 무엇인가?
② 현재 문제와 관련하여 교육적으로 해결되기를 바라는 부분은 무엇인가?
③ 문제에 대한 나름대로의 해결책은 무엇인가?
출처 교재 55p

26 다음 보기의 (   )안에 알맞은 용어를 순서대로 쓰시오.

- 농작업 안전보건 교육을 실시함에 있어 가장 첫 번째로 해야 할 일은 (①)이며, (②), (③), 면담, Focus Group 조사를 통해 실시할 수 있다.
- (④)은 숙련된 기술이 필요하고, 결과 해석 시 조사자의 편견이 개입되기 가장 쉬우므로 주의해야 한다.

답

정답 ① 요구분석, ② 설문조사,
③ 관찰, ④ 면담
출처 교재 55p

27 다음 (   )안에 알맞은 용어는?

(①) 조사는 3~4명 정도가 모여서 문제에 대한 서로 다른 관점을 가지고 종합적인 견해를 도출하는 방법으로, 조사를 통해 요구분석을 실시하기 위해서는 조사를 위해 모인 참여자 간의 문제에 대한 공감대가 형성되어 있어야 하며 진행자는 (②) 회의를 이끄는 기술을 가지고 있어야 한다.

답

정답 ① Focus Group, ② 소집단
출처 교재 56p

28 농작업 안전보건교육이라는 독특한 유형의 교육에 적합한 집합교육 방법 3가지를 쓰시오

답

> **정답** ① 사례연구,
> ② 안전체험교육,
> ③ 위험예지훈련
>
> **출처** 교재 56p
>
> **해설** 집합교육 중 강의법과 토의법은 대부분의 교육에서 가장 많이 쓰이는 방법이고, 사례연구나 안전체험교육, 위험예지훈련은 농작업 안전보건교육이라는 독특한 유형의 교육에 적합한 교육방법이다.
>
> **보충** 집합교육과 비집합교육

구 분	집합교육	비집합교육
의 의	• 학습자들이 일정한 시간과 장소에 모여 교육받을 때 쓰이는 교육방법	• 학습자들이 한곳에 모이지 않고 각자 학습하도록 하는 방법
종 류	• 강의법, 토의법, • 사례연구, 위험예지훈련, 체험교육 등 (농작업안전보건교육에 적합)	• 정기간행물, 포스터, 리플렛과 같은 비정기간행물 • 메일진 운영, 온라인 컨텐츠, SNS 채널

29 집단교육의 방법 3가지를 쓰시오.

답

> **정답** ① 강의법, ② 토의법, ③ 시범/시연,
> ④ 문제해결, ⑤ 견학, ⑥ 역할극, ⑦ 모의 실험극
>
> **출처** 교재 56p
>
> **해설** 교육방법

구 분	방 법
집합교육	강의법, 토의법, 사례연구, 위험예지훈련, 체험교육 등
비집합교육	정기간행물, 포스터, 리플렛과 같은 비정기간행물, 인터넷 메일로 안전관련 소식을 전하는 메일진 운영, 최근에는 온라인 컨텐츠나 SNS 채널을 활용
집단교육	강의법, 토의법, 시범/시연, 문제해결, 견학, 역할극, 모의 실험극
개별교육	면접, 상담, 전화상담, 병실교육

30 안전교육방법 중 학습자가 이미 설명을 듣거나 시범을 보고 알게 된 지식이나 기능을 강사의 감독 아래 직접적으로 연습하여 적용할 수 있도록 하는 교육방법은?

답

정답 실연법
출처 2019. 제1회 산업안전기사 1차 기출

31 다음 보기의 내용이 설명하는 학습지도의 방식은?

> 학습지도의 형태 중 몇 사람의 전문가에 의해 과제에 관한 견해를 발표하고 참가자로 하여금 의견이나 질문을 하게 하는 토의방식

답

정답 심포지엄(Symposium)
출처 2018. 제1회 산업안전기사 1차 기출

32 토의법의 유형 중 다음에서 설명하는 것은?

> 새로운 자료나 교재를 제시하고, 문제점을 피교육자로 하여금 제기하도록 하거나, 피교육자의 의견을 여러 가지 방법으로 발표하게 하고 청중과 토론자간 활발한 의견개진 과정을 통하여 합의를 도출해 내는 방법

답

정답 포럼
출처 2017. 제2회 산업안전기사 1차 기출

33 집단교육을 운영하는 데 있어서 적당한 교육대상자의 수와 교육 회수를 쓰시오.

답

정답 교육 대상자 수 : 15명~20명 정도
     교육회수 : 5~10회 정도
출처 교재 58p

보충 집단교육을 운영하는데 있어 유의사항
① 교육 대상자 수는 15명~20명 정도가 효과적이며 대상자가 많을 경우 50명 내외로 한다.
② 대상자들이 비슷한 성격과 문제를 가지는 집단으로 구성해야 교육의 효과가 높다.
③ 1회성 교육이 아닌 5~10회 정도의 교육을 계획해야 한다.
④ 교육내용은 충분한 시간을 갖고 계획하고 검토해야 하며 일정기간 내에 동일한 대상자들에게 반복교육을 실시하는 것이 효과적이다.
⑤ 교육방법은 단순하게 실시하는 것보다 대상자들의 자발적인 의욕을 존중하여 교수자와 교육 대상자가 함께 학습할 수 있는 방법으로 운영되는 것이 효과적이다.
⑥ 평가에 교수자 뿐 아니라 학습자도 참여시키는 것이 바람직하다.

34 농작업 안전보건 교육을 운영하는데 있어 유의해야 할 사항 3가지를 쓰시오.

답

정답 ① 농작업 안전보건 교육은 단편적인 지식이나 기능을 전달하는 것이 아니라 일상생활에서 응용될 수 있도록 하는 것이며, 인간의 신체적, 정신적, 사회적 측면의 조화를 고려하여 실시해야 한다.
② 교육 과정 중에 전달되는 정보를 학습자들의 실제 생활과 접목시켜야 한다. 농작업 안전보건 교육은 실제 경험과 비슷한 학습 환경에서 이루어질 때 그 효과가 크다.
③ 연령, 교육수준, 경제수준에 맞게 실시해야 한다.
④ 대상자가 자발적으로 참여토록 한다.
⑤ 그 지역사회 주민의 안전보건에 대한 태도, 신념, 미신, 습관, 금기사항, 전통 등 일상생활의 전반적인 사항을 알고 있어야 한다.
⑥ 명확한 목표 설정이 있어야 한다.
⑦ 위험에 대해 전달할 때, 교육생들이 두려움에 휩싸이지 않도록 해야 한다.
⑧ 양과 질을 측정할 수 있는 평가지표의 준비가 필요하다.
⑨ 교육장소는 산만하지 않고, 청결하며, 흥미를 끌 수 있는 상태를 유지해야 한다.
⑩ 교육자재가 깔끔히 마련되고 강사들의 복장상태도 말끔히 하여 교육생들이 집중할 수 있도록 도와주어야 한다.
⑪ 휴식시간은 여유 있게 배정한다.
출처 교재 60p

35 다음 ( )안에 알맞은 용어를 쓰시오.

- 농작업 안전보건 교육의 평가는 세 가지로 구분하여 볼 수 있다.
- (①)는 농작업 안전보건 교육 프로그램이 성공적으로 개발되고 운영되었는가를 평가하는 것이다.
- (②)는 농작업 안전보건 교육 프로그램의 단기적인 영향에 대한 평가로 교육이 학습자의 지식, 태도, 행동에 미치는 단기적인 영향에 초점을 둔 평가를 말한다.
- (③)는 오랜 기간을 두고 교육 프로그램을 통해 궁극적인 목적이 얼마나 효과적으로 달성되었는지를 평가하는 것이다.

답

정답 ① 과정평가, ② 영향평가, ③ 결과평가
출처 교재 61p

36 농작업안전보건교육 평가를 위한 설계 모형중 다음 보기의 내용이 설명하는 모형을 쓰시오.

프로그램에 참여한 집단과 프로그램에 참여하지 않은 집단에 대한 정보를 프로그램 실시 전 후로 각각 수집하여, 프로그램 실시로 인해 변화된 내용과 얼마나 변화되었는지를 평가한다.

답

정답 실험군 및 대조군 사전사후 조사 평가모형
출처 교재 62p

보충 농작업 안전보건 교육 평가를 설계하기 위한 세 가지 모형

(실험군 및 대조군) 사후조사 평가모형	• 프로그램을 실시하기 이전에 조사가 실시될 수 없거나 사전조사가 프로그램의 실시에 나쁜 영향을 미칠 것이 예상될 경우 실시한다. • 일단 프로그램을 시행한 후, 실험군에 대한 정보(A)와 대조군에 대한 정보(B)를 동시에 수집하여 A와 B의 차이를 관찰함으로써 프로그램의 효과를 평가하는 모형이다. • 실험군 : 교육을 받고 평가를 받는 집단 • 대조군 ; 교육을 받지 않고 평가를 받는 집단
(실험군) 사전사후 조사 평가모형	• 대조군을 설정하기 어려울 때 활용할 수 있다 • 대조군을 설정하지 않고 실험군만을 대상으로 프로그램 투입 이전의 정보(A)와 투입한 이후의 정보(B)를 수집하여 프로그램을 평가하도록 설계된 모형이다.
실험군 및 대조군 사전사후 조사 평가모형	보기 참조

제2편 농작업 사고예방 및 농기자재 사용 안전

제1장 안전관리 이론

01 농작업 사고예방 안전수칙 3가지를 쓰시오.

답

> **정답** 농작업 사고예방 안전수칙
> 1. 복장은 언제나 단정하게 할 것
> 2. 보호구는 바르게 몸에 착용할 것
> 3. 작업전에는 기계나 수공구의 점검을 행할 것
> 4. 안전표지의 의미를 잘 이해할 것
> 5. 스위치는 신호확인을 할 것
> 6. 안전장치를 제멋대로 제거하지 않을 것
> 7. 공동운반은 항시 소리를 맞추고 행할 것
> 8. 수공구는 사용목적에 맞는 것을 사용할 것
> 9. 넘어지기 쉬운 것은 밴드나 쇠사슬로 고정시킬 것
> 10. 물건을 적재할 때는 큰 것부터 작은 것으로, 무거운 것부터 가벼운 것으로 할 것
>
> **참고** 2019년 제2회 필기1차 기출문제

02 영어단어 'SAFETY'의 서양적 해석에 의할 경우 Y가 의미하는 뜻을 쓰시오

답

> **정답** 철저한 주인의식
> **출처** 교재 68P

> **참고** 영어단어 'SAFETY'의 서양적 해석
> - S : Supervise (관리감독, 관찰)
> - A : Attitude (태도기술)
> - F : Fact (현상파악)
> - E : Evaluation (평가분석 및 대책수립)
> - T : Training (반복훈련)
> - Y : You are the Owner. (철저한 주인의식)

03 다음은 1906년에 미국 철강회사(U.S. Steel Co.)의 사장 게리(E. H. Gary)가 제창한 개선 방침이다. ( )안에 알맞은 용어를 순서대로 쓰시오.

> 제1 (①) → 제2 (②) → 제3 (③)

답

정답 ① 안전, ② 품질, ③ 생산
출처 교재 69p

04 아차사고에 대해서 기술하시오.

답

정답 인명 상해나 물적 손실 등 일체의 피해가 없는 사고이다.
출처 교재 70p

해설 사고와 재해

구 분	의 의
사 고 (accident)	인간이 어떠한 목적을 수행하려고 행동하는 과정에서 갑자기 의지에 관계없이 예측불허의 사태로 인해 행동이 일시적 또는 영구적으로 정지되는 것
농업재해	농작업의 활동 중에 발생하는 재해로 사고의 최종 결과인 인명 또는 재산상의 손해
안전관리	재해로 인한 손실을 최소화하기 위한 기법으로서 재해의 원인과 그리고 재해 예방대책의 강구 및 추진 등 일련의 계통적인 관리
안전사고 (safety accident)	고의성이 없는 어떤 불안전한 행동이나 불안전한 상태가 선행되어 작업능률을 저하시키며 직·간접적으로 인명이나 재산의 손실을 가져올 수 있는 사건
재 해 (accident, injury)	사고의 결과로서 일어난, 인명이나 재산상의 손실을 가져올 수 있는 계획되지 않거나 예상치 못한 사건
아차사고 (near accident)	인명 상해나 물적 손실 등 일체의 피해가 없는 사고

05 안전사고가 농작업활동에 미치는 영향 중 안전의 확보를 통하여 기대되는 성과 3가지를 쓰시오

답

> **정답** ① 안전은 생산성을 향상
> ② 안전은 작업의욕을 고취
> ③ 안전은 손실을 감소시킴으로써 이익을 증대

출처 안전사고가 농작업활동에 미치는 영향 (교재 70P)

구 분	영 향
기업 환경적 측면	• 사원 개인 및 가정의 불행 • 숙련기능 인력의 손실 • 작업능률의 저하 • 노사관계의 불안정 • 생산성 저하
경제적 측면	• 재해보험료의 증가 • 치료비의 증가 • 그밖에 직·간접 손실액의 증가
안전의 확보를 통해 기대되는 성과	• 안전은 생산성을 향상 • 안전은 작업의욕을 고취 • 안전은 손실을 감소시킴으로써 이익을 증대

06 다음 보기의 ( )안에 알맞은 용어를 쓰시오.

> 하인리히는 사고예방의 중심목표로 (①)과 (②)를 제거하는 데 안전관리의 중점을 두어야 한다는 것을 강조하였다.

답

> **정답** ① 불안전한 행동, ② 불안전한 상태
> **출처** 교재 71p

07 하인리히 안전론에서 (   )안에 들어갈 단어로 적합한 것은?

- 안전은 (①   )
- 사고예방은 (②   )와(과) 인간 및 기계의 관계를 통제하는 과학이자 기술이다.

정답 ① 사고예방 ② 물리적 환경
출처 2019년 제3회 산업안전기사 1차 기출

08 하인리히 도미노 이론 5단계를 쓰시오.

정답 하인리히 도미노 이론(재해의 원인에서 발생까지의 5단계)
① 사회적 환경 및 유전적 요소 (선천적 결함)
② 개인적 결함 (인간의 결함)
③ 불안전한 행동 및 불안전한 상태 (물리적·기계적 위험성)
④ 사고
⑤ 상해
출처 교재 70~71p

해설 버드의 수정도미노 이론과 아담스(Adams)의 수정 도미노 이론

버드(Bird)의 수정 도미노 이론 (경영자의 책임이론)	아담스(Adams)의 수정 도미노 이론 (경영시스템 내의 사고원인)
① 통제의 부족 : 관리-안전과 손실제어 결함 ② 기초원인 : 기원-작업자와 환경의 결함 ③ 직접원인 : 징조-불안전한 행동과 상황 ④ 사고 : 원하지 않는 일의 발생 ⑤ 상해 : 재산 피해와 부상	① 관리(경영)구조 : 회사의 목적, 조직, 운영과 관련 ② 작전적 에러(운영실수) : 회사의 정책, 목적, 권위, 책임소재, 규칙, 지도방침, 적극적 개입, 도덕, 운영과 관련 ③ 전술적 에러(관리·기술적 실수) : 작업자의 행동 실수와 작업조건 결함에 기인 ④ 사고 : 아차 실수(near-miss)와 무부상 사고 (no injury incident) 포함 ⑤ 재산피해 : 인적 부상과 손해, 그리고 재산피해

09 하인리히의 재해발생 이론은 다음과 같이 표현할 수 있다. 이 때 α 가 의미하는 것을 쓰시오

재해의 발생 = 물적불안전상태 + 인적 불안전행위 + α
         = 설비적 결함 + 관리적 결함 + α

답

정답 잠재된 위험의 상태
출처 2017. 제3회 산업안전기사 1차 기출

10 재해의 직접적인 원인중 인적 원인 3가지를 쓰시오.

답

정답
① 안전장치의 무효화
② 보호구·복장 등의 잘못 착용
③ 안전조치 불이행
④ 위험장소에 접근
⑤ 불안전한 상태 방치
⑥ 운전의 실패(물건의 인양 시에 과속 등)
⑦ 위험한 상태로 조작
⑧ 오동작
⑨ 기계·장치를 목적 외로 사용
⑩ 기타 또는 분류 불능
⑪ 위험상태 시의 청소, 주유, 수리, 점검

출처 교재 73p

해설 재해원인

구 분		원 인
직접적인 원인	불안전한 상태 (물적 원인)	• 작업방법의 결함 • 안전·방호장치의 결함 • 물(物) 자체의 결함 • 작업환경의 결함 • 물자의 배치 및 작업장소 불량 • 보호구·복장 등의 결함(지급하지 않음) • 외부적·자연적 불안전 상태 • 기타 또는 분류 불능
	불안전한 행동 (인적 원인)	정답 참조
간접적인 원인	기초 원인	학교의 교육적 원인, 관리적 원인, 사회적 원인, 역사적 원인
	2차 원인	기술적 원인, 교육적 원인, 신체적 원인, 정신적 원인

11 하인리히의 재해 구성 비율을 설명하시오.

답

정답 330회의 사고 중에 중상 또는 사망 1회, 경상 29회, 무상해 사고 300회의 비율로 사고가 발생한다는 이론이다.
(예 : 경상 58회 발생시, 중상 또는 사망 2회, 무상해 사고 600회 발생)

출처 교재 73p 2019년 제2회 2차 기출문제

보충 하인리히와 버드의 이론 비교

	하인리히	버 드
재해구성 비율	• 1 : 29 : 300	• 1 : 10 : 30 : 600의 법칙 • 중상 또는 폐질 : 1 • 경상 (물적·인적 상해) : 10 • 무상해 사고(물적 손실) : 30 • 무상해·무사고고장(위험 순간: 아차사고) : 600 의 비율로 사고가 발생한다는 이론
재해손실 비용	1 : 4 법칙 (직접손실 : 간접손실)	1 : 6~53 원리(직접손실 : 간접손실) (빙산의 이론)
비 고	* 산업재해가 발생하여 중상자가 1명 나오면 그 전에 같은 원인으로 발생한 경상자가 29명, 같은 원인으로 부상을 당할 뻔한 잠재적 부상자가 300명 있었다는 사실을 입증한 법칙이다. 즉, 사소한 문제가 발생하였을 때 이를 면밀히 살펴 그 원인을 파악하고 잘못된 점을 시정하면 대형사고나 실패를 방지할 수 있지만, 징후가 있음에도 이를 무시하고 방치하면 돌이킬 수 없는 대형사고로 번질 수 있다는 것을 경고하고 있다	

12 재해로 인한 직접비용으로 8000만원이 산재보상비로 지급되었다면 하인리히 방식에 따를 때 총 손실비용은 얼마인가?

답

정답 4억원

출처 산업안전기사 2014년 제3회 1차 기출문제

보충 1 : 4 법칙에 따라 직접비용 8,000만원이면 간접비용은 3억2천만원이므로 총 손실비용은 4억원이 된다.

13 버드(Bird)의 재해발생이론에 따를 경우 15건의 경상(물적 또는 인적 상해)사고가 발생하였다면 무상해, 무사고(위험순간)는 몇 건이 발생하겠는가?

> 답

정답 900

출처 산업안전기사 2015년 제1회 1차 기출문제

해설 1 : 10 : 30 : 600의 법칙에 따라 15일 때는 900이 된다.

14 재해예방 4원칙을 쓰시오.

> 답

정답
① 손실우연의 원칙
② 원인계기의 원칙
③ 예방가능의 원칙
④ 대책선정의 원칙

출처 교재 74p

해설 재해예방 4원칙
1. 손실우연의 원칙 : 사고로 인한 손실(상해)의 종류 및 정도는 우연적이다.
2. 원인계기의 원칙 : 사고는 여러 가지 원인이 연속적으로 연계되어 일어난다.
3. 예방가능의 원칙 : 사고는 예방이 가능하다.
4. 대책선정의 원칙 : 사고예방을 위한 안전대책이 선정되고 적용되어야 한다.

15 하비(J. H. Harvey)가 주장한 안전대책 3E를 쓰시오.

> 답

정답
① Education(교육) : 교육적 대책
② Engineering(기술) : 기술적(공학적) 대책
③ Enforcement(규제) : 규제적(관리직) 대책

출처 교재 75p
참고 2019년 제2회 필기1차 기출문제

16 재해발생의 기본원인 4M을 쓰시오.

정답
① 인적 요인(Man Factor)
② 설비적 요인(Machine Factor)
③ 작업적 요인(Media Factor)
④ 관리적 요인(Management Factor)

해설 재해발생의 기본원인 4M

구 분	내 용
인적 요인 (Man Factor)	• 심리적 원인 : 망각, 고민, 집착, 착오, 억측판단, 생략행위 • 생리적 원인 : 피로, 수면부족, 음주, 고령, 신체기능 저하 • 직장내 원인 : 직장의 인간관계, 리더쉽 부족, 대화부족, 팀웍결여
설비적 요인 (Machine Factor)	• 기계설비의 설계상 결함(안전개념 미흡) • 방호장치의 불량(인간공학적 배려 부족) • 표준화 미흡 • 정비 점검 미흡
작업적 요인 (Media Factor)	• 작업정보의 부적절 • 작업자세, 작업방법의 부적절, 작업동작의 결함 • 작업공간 부족, 작업환경 부적합
관리적 요인 (Management Factor)	• 관리 조직의 결함 • 규정, 매뉴얼, 미비치 불철저 • 교육 훈련 부족 • 적성배치 불충분, 건강관리의 불량 • 부하 직원에 대한 지도 감독 결여

17 제조물 책임법에서 말하는 3대 결함을 쓰시오.

정답
① 제조상의 결함,
② 설계상의 결함,
③ 표시상의 결함
출처 교재 75p

> 참고 **3대 결함**

구 분	내 용
제조상의 결함	제조업자의 제조물에 대한 제조·가공상 주의의무의 이행 여부에도 불구하고 제조물이 원래 의도한 설계와 다르게 제조·가공됨으로써 안전하지 못한 경우
설계상의 결함	제조업자가 합리적인 대체설계를 채용하였더라면 피해나 위험을 줄이거나 피할 수 있었음에도 대체설계를 채용하지 않아서 해당 제조물이 안전하지 못하게 만들어진 경우
표시상의 결함	제조업자가 합리적인 설명·지시·경고 기타의 표시를 하였더라면 해당 제조물에 의하여 발생될 수 있는 피해나 위험을 줄이거나 피할 수 있었음에도 이를 하지 않은 경우

18 제조물 책임법 (PL법)의 책임주체 3인을 쓰시오.

> 답

> 정답 **제조물 책임법 (PL법)의 책임주체**
> ① 완성품 제조자 ② 원재료·부품의 제조자
> ③ 주문자상표(OEM) 부착 제조자 ④ 표시 제조자
> ⑤ 수입업자 ⑥ 제조물의 공급자(판매업자)
> 출처 교재 76p

19 다음은 제조물책임의 책임기간 (소멸시효)이다. ( )안에 알맞은 숫자를 순서대로 쓰시오.

- 손해 및 제조자 등을 안 날로부터 (①)년
- 제조자 등이 제조물을 유통시킨 날로부터 (②)년

> 답

> 정답 ① 3, ② 10
> 출처 교재 77p

20 서두름이나 생략행위처럼 심리활동에 있어서 최소의 에너지에 의해 어느 목적에 이르도록 하는 경향을 무엇이라고 하는가?

> 답

> 정답 **간결성의 원리**
> 출처 교재 78p
> 해설 간결성의 원리에 기인하여 착각·착오·생략·단락 등의 사고의 심리적 요인이 발생한다.

21 군화의 법칙 (물건의 정리) 5가지를 쓰시오.

답

> 정답 ① 근접의 요인 : 근접된 물건끼리 정리한다.
> ② 동류의 요인 : 매우 비슷한 물건끼리 정리한다.
> ③ 패합의 요인 : 밀폐형을 가지런히 정리한다.
> ④ 연속의 요인 : 연속을 가지런히 정리한다.
> ⑤ 좋은 형체의 요인 : 좋은 형체(규칙성, 단순성 등)로 정리한다.
>
> 출처 교재 79p

22 다음 보기의 내용에 알맞은 용어를 쓰시오.

> 실제로 보이는 물체의 크기가 (①)대로 작게 보이지 않고, 같은 크기의 대상이 거리가 변하여도 같은 크기로 유지되는 경향을 갖는데, 이 현상을 (②)이라고 한다.

답

> 정답 ① 시각의 법칙, ② 항상현상
> 출처 교재 79p

보충 **시각의 법칙과 항상현상**

구 분	내 용
시각의 법칙	• 물체의 대소는 그 물체가 눈에 대해서 지나친 시각의 대소에 의해서 결정된다. • 거리가 2배로 되면 크기는 ½로 거리에 반비례해서 작게 된다. • 대상에 대한 시각이 같게 되면 거리가 달라도 망막상의 크기는 변하지 않는 현상을 말한다.
항상현상	• 실제로 보이는 물체의 크기가 '시각의 법칙'대로 작게 보이지 않고, 같은 크기의 대상이 거리가 변하여도 같은 크기로 유지되는 현상을 말한다.

23 다음 보기의 내용이 설명하는 용어를 쓰시오.

> - (①) : 인간이 갑작스런 사고나 재난을 당하면 순간적으로 긴장하고, 눈에 보이는 직접의 사물이나 자극에 행동적으로 반응해서 방향성의 선택을 할 수 없는 등 주의력이 한 곳에 집중되어 판단력이 상실되는 것
> - (②) : 객관적인 위험을 자기 나름대로 판정해서 의지결정을 하고 행동에 옮기는 것

답

정답 ① 주의의 일점집중, ② Risk Taking

출처 교재 79p

보충 **인간심리 및 행동의 일반적 특징**

구 분	내 용
간결성의 원리	• 서두름이나 생략행위처럼 심리활동에 있어서 최소의 에너지에 의해 어느 목적에 이르도록 하는 경향을 말한다. • 이 원리에 기인하여 착각·착오·생략·단락 등의 사고의 심리적 요인이 발생한다.
주의의 일점집중	• 인간이 갑작스런 사고나 재난을 당하면 순간적으로 긴장하고, 눈에 보이는 직접의사물이나 자극에 행동적으로 반응해서 방향성의 선택을 할 수 없는 등 주의력이 한 곳에 집중되어 판단력이 상실되는 것을 말한다.
좌측대피	• 순간적인 경우, 대피방향은 좌측으로 대피하는 경향이 많다.
동조행동	• 인간은 일반적으로 소속집단의 행동기준을 지키고 동조행동을 하는 경향이 많다.
좌측보행	• 자유로이 보행할 때, 인간은 좌측으로 통행하려는 경향이 많다.
Risk Taking	• 객관적인 위험을 자기 나름대로 판정해서 결정을 하고 행동에 옮기는 것을 말한다. • 안전태도와 risk taking과의 관계에 있어 안전태도가 양호한 자는 risk taking의 정도가 적고, 또한 안전태도의 수준이 같은 정도에 있어서도 작업의 달성동기·성격·능률 등 각종 요인의 영향에 의해 risk taking 정도가 변하게 된다.

24 인간동작의 특성 중 인간동작의 내적조건 3가지를 쓰시오.

정답
① 경력,
② 개인차,
③ 생리적 조건

출처 교재 80p

보충 인간동작의 특성

구 분		내 용
외적조건	동적조건	대상물의 동적 성질을 나타내는 최대 요인이다.
	정적조건	대상물의 높이, 크기, 깊이 등에 좌우된다.
	환경조건	기온, 습도, 소음 등의 수준에 의해 좌우된다.
내적조건	경 력	근무 경험
	개인차	성격, 적성, 개성 등
	생리적 조건	피로, 긴장 등

25 운동의 시지각(착각현상) 3가지를 쓰시오.

정답
① 자동운동,
② 유도운동,
③ 가현운동(β운동)

출처 교재 80p

보충 운동의 시지각(착각현상)

구 분	내 용
자동운동	암실 내에서 정지된 소광점을 응시하고 있으면 그 광점이 움직이는 것을 볼 수 있는데, 이것을 '자동운동'이라고 한다.
유도운동	실제로는 움직이지 않는 것이 어느 기준의 이동에 유도되어 움직이는 것처럼 느껴지는 현상을 말한다.
가현운동 (β운동)	객관적으로 정지하고 있는 대상물이 급속히 나타나든지 소멸하는 것으로 인하여 일어나는 운동으로 마치 대상물이 운동하는 것처럼 인식되는 현상을 말한다 (영화 영상의 방법).

26 운동의 시지각(착각현상) 중 자동운동이 생기기 쉬운 조건 3가지를 쓰시오.

답

> 정답 ① 광점이 작을 것
> ② 시야의 다른 부분이 어두울 것
> ③ 광의 강도가 작을 것 ④ 대상이 단순할 것
> 출처 교재 80p

27 주의의 특징 3가지를 쓰시오.

답

> 정답 ① 선택성, ② 방향성, ③ 변동성
> 출처 교재 80p

보충 주의의 특징

구 분	내 용
선택성	여러 종류의 자극을 자각할 때, 주의는 동시에 2개 방향에 집중하지 못하고 소수의 특정한 것에 한하여 선택하는 기능이다.
방향성	주시점만 인지하는 기능으로 한 지점에 주의를 집중하면 다른 곳의 주의력은 약화된다.
변동성	주의에는 고도의 주의력을 장시간 지속할 수 없고, 주기적으로 부주의의 리듬이 존재한다.

28 부주의의 현상 4가지를 쓰시오.

답

> 정답 ① 의식의 단절
> ② 의식수준의 저하
> ③ 의식의 우회
> ④ 의식의 과잉
> 출처 교재 81p

29 안전사고의 경향성에 관하여 Greenwood설을 기술하시오.

🖉

정답 대부분의 사고는 소수의 근무자에 의해서 발생된다. 즉, 사고는 소수인에 의해서 반복야기 현상을 나타낸다

출처 교재 81p

보충 **안전사고의 경향성**
① 대부분의 사고는 소수의 근무자에 의해서 발생된다. 즉, 사고는 소수인에 의해서 반복야기 현상을 나타낸다(Greenwood설).
② 소심한 사람은 사고를 유발하기 쉽다.
③ 사고 경향성이 낮은 사람은 침착하고 숙고형이다.

30 소질과 관련된 사고요인 3가지를 쓰시오.

🖉

정답 ① 지능, ② 성격, ③ 시각기능(감각기능의 기능)
출처 교재 81p

31 다음 보기의 (   )안에 알맞은 용어를 쓰시오.

> ① Chiselli와 Brown은 (①   )가 낮을수록 또는 높을수록 이직률 및 사고발생률이 높다고 지적하였다.
> ② Tiffin·J는 기능에 결함이 있는 자에게 (②   )재해가 많다고 하였다.

🖉

정답 ① 지능단계, ② 시각
출처 교재 81p

32 안전심리의 5요소를 쓰시오.
답

정답 ① 동기(Motive), ② 기질(Temper), ③ 감정(Emotion), ④ 습성(Habits), ⑤ 습관(Custom)
출처 교재 81p
참고 2018년 제1회 필기 1차 기출문제

33 사고요인이 되는 정신적 요소 3가지를 쓰시오.
답

정답 ① 주의력의 부족
② 판단력 부족 및 그릇된 판단
③ 안전의식의 부족
④ 방심 및 공상
⑤ 정신력과 관계있는 생리적 현상
⑥ 개성적 결함 요소
출처 교재 82p

34 사고의 요인이 되는 정신적 요소중 정신력과 관계있는 생리적 현상 3가지를 쓰시오.
답

정답 ① 육체적 능력의 초과 ② 극도의 피로
③ 신경계통의 이상 ④ 근육운동의 부적합
⑤ 시력 및 청각의 이상
출처 교재 82p

35 사고의 요인이 되는 정신적 요소중 개성적 결함요소 3가지를 쓰시오.
답

정답 ① 사치성과 허영심　② 태만(나태)　③ 다혈질 및 인내력의 부족
④ 지나친 자존심과 자만심　⑤ 도전적 성격　⑥ 약한 마음
⑦ 경솔성　⑧ 감정의 장기 지속성　⑨ 배타성
⑩ 과도한 집착성 또는 고집
출처 교재 82p

36 사고경향성자 (재해빈발자)의 유형 5가지를 쓰시오.

정답 ① 상황성 누발자 ② 습관성 누발자 (암시설)
③ 소질성 누발자 (경향자설) ④ 기회설
⑤ 미숙성 누발자
출처 교재 82~83

해설 사고경향성자(재해빈발자)의 유형

구 분	특 징
상황성 누발자	① 작업의 어려움 ② 기계설비의 결함 ③ 환경으로 인한 주의력 집중 혼란 ④ 심신의 근심 때문에
습관성누발자 (암시설)	재해의 경험으로 겁쟁이가 되거나 신경과민이 되기 때문
소질성누발자 (경향자설)	성격적·정신적 또는 신체적으로 재해의 소질적 요인을 가지고 있기 때문
기회설	작업에 위험이 많고, 위험한 작업을 담당하고 있기 때문
미숙성 누발자	기능미숙이나 환경에 익숙하지 못하기 때문

37 레인(Lewin. K).의 법칙 B=f(P · E) 에서 P와 E가 나타내는 기술하시오.

정답 P : 개체, 즉 연령 · 경험 · 심신상태 · 성격 · 지능(Person)
E : 심리적 환경, 즉 인간관계 · 작업환경(Environment)
출처 교재 83P

해설 레빈(K. Lewin)의 인간행동 법칙 : B=f(P · E)
• 인간의 행동(B)은 그 사람이 가진 자질, 즉 개체(P)와 심리학적 환경(E)과의 상호 함수관계에 있다.

구 분	내 용
B (Behavior)	인간의 행동
f (function)	함수관계, 즉 적성 기타 P와 E에 영향을 미칠 수 있는 조건
P (Person)	개체, 즉 연령 · 경험 · 심신상태 · 성격 · 지능
E (Environment)	심리적 환경, 즉 인간관계 · 작업환경

38 대뇌의 human error로 인한 착오요인 3가지를 쓰시오.

답

정답 ① 인지과정 착오
② 판단과정 착오
③ 조치과정 착오
출처 교재 83P

39 착오 요인(대뇌의 human error) 중 판단과정 착오를 가져오는 요인 3가지를 쓰시오.

답

정답 ① 능력부족 ② 자기합리화
③ 정보부족 ④ 환경조건의 불비
출처 교재 83p

해설 착오 요인(대뇌의 human error)

구 분	내 용
인지과정 착오	1. 생리적·심리적 능력의 한계 2. 정보량 저장능력의 한계 3. 감각차단현상 : 단조로운 업무, 반복작업 4. 정서 불안정 : 공포, 불안, 불만
판단과정 착오	1. 능력부족　　　　　　2. 자기합리화 3. 정보부족　　　　　　4. 환경조건의 불비
조치과정 착오	

40 안전점검의 정의에 대하여 서술하시오.

답

정답 안전확보를 위해 실태를 파악하여 설비의 불안전한 상태나 인간의 불안전한 행동에서 생기는 결함을 발견하고, 안전 대책의 이상 상태를 확인하는 행동이다.
출처 교재 84P

41 안전점검의 목적 3가지를 쓰시오

답

정답
① 기기 및 설비의 결함·불안전 상태 제거로 사전에 안전성 확보
② 기기 및 설비의 안전상태 유지 및 본래의 성능 유지
③ 인적 측면에서의 안전 행동유지
④ 생산성 향상을 위한 합리적인 생산관리

출처 교재 84P

42 안전점검의 종류 중 태풍이나 폭우 등의 천재지변이 발생한 후에 실시하는 기계, 기구 및 설비 등에 대한 점검의 명칭은?

답

정답 특별점검

출처 2019년 제3회 산업안전기사 1차 기출 (교재 84p. 85p)

구 분	내 용
일상점검 (수시점검)	• 작업담당자가 작업시작 전이나 사용 전 또는 작업 중에 설비, 기계, 공구 등에 대해 일상적으로 하는 점검 • 현장 감독자, 안전담당자가 담당구역내의 설비, 작업방법에 대해서 상시 점검
정기점검 (계획점검) (자체점검)	• 작업책임자가 1개월·6개월·1년 단위로 일정기간을 정하여 기계설비의 중요 부분을 분해해서 피로·마모·손상·부식 등에 대해 일정기간마다 정기적으로 행하는 점검 • 자체검사도 여기에 해당되며, 기계설비의 안전상 중요부분, 피로, 마모, 장치의 개조나 변경의 유무 등에 대해서 안전관리자, 현장 책임자, 관계 기술자 등에 의해 점검한다. 점검주기는 기계설비에 따라 다르지만, 일반적으로 매월, 6개월, 1년, 2년 등의 주기가 많이 채택되고 있다.
임시점검	• 정기점검 실시 후, 다음 점검일 이전에 갑작스런 이상 등이 발생했을 때 임시로 실시하는 점검
특별점검	• 기계·기구 및 설비를 신설 또는 변경하거나 고장·수리 등을 할 경우에 행하는 부정기적 점검(일정 규모 이상의 강풍, 폭우, 지진 등이 있은 후에도 해당) • 호우, 강풍, 지진 등이 발생한 뒤, 작업을 재개시할 때 등 이상시에 안전담당자 등에 의해 기계설비 등의 기능 이상을 점검

43 안전점검시 체크리스트에 포함되어야 할 사항 3가지를 쓰시오.

답

정답 ① 점검대상 ② 점검부분(점검개소)
③ 점검항목(점검내용) ④ 점검실시 주기(점검시기)
⑤ 점검방법 ⑥ 판정기준 ⑦ 조치
출처 교재 86p

44 안전점검시 체크리스트의 점검항목에 포함되어야 할 사항 3가지를 쓰시오.

답

정답 ① 마모, ② 변형, ③ 균열,
④ 파손, ⑤ 부식, ⑥ 이상상태의 유무
출처 교재 86p

해설 체크리스트에 포함되어야 할 사항
① 점검대상 : 기계·설비의 명칭
② 점검부분(점검개소) : 점검대상의 기계·설비의 각 부분 부품명
③ 점검항목(점검내용) : 마모, 변형, 균열, 파손, 부식, 이상상태의 유무
④ 점검실시 주기(점검시기) : 점검대상별로 각각의 점검 주기
⑤ 점검방법 : 점검의 종류에 따른 각각의 점검방법 명기
⑥ 판정기준 : 정해진 판정기준을 명시하고 상호비교 평가
⑦ 조치 : 점검결과에 따른 적절한 조치 이행

45 안전점검시 체크리스트를 작성할 때 유의사항 3가지를 쓰시오.

답

정답 ① 사업장에 적합하고 쉽게 이해되도록 독자적인 내용으로 작성할 것
② 내용은 구체적이고 재해예방에 효과가 있을 것
③ 위험도가 높은 것부터 순차적으로 작성할 것
④ 일정한 양식을 정해 점검대상마다 별도로 작성할 것
⑤ 점검기준(판정기준)을 미리 정해 점검결과를 평가할 것
⑥ 정기적으로 검토하여 계속 보완하면서 활용할 것
출처 교재 86p

46 안전점검의 4가지 순환과정을 쓰시오.

> 답

> 정답 ① 현상의 파악 ② 결함의 발견
> ③ 시정대책의 선정 ④ 대책의 실시
> 출처 교재 86p

47 안전점검시 유의사항 3가지를 쓰시오.

> 답

> 정답 ① 안전점검은 형식과 내용에 변화를 주어서 몇 개의 점검방법을 병용한다.
> ② 과거의 재해발생 부분은 그 요인이 없어졌는가를 확인한다.
> ③ 발견된 불량부분은 원인을 조사하고 필요한 시정책을 강구한다.
> ④ 점검자의 능력을 감안하여 그에 준하는 점검을 실시한다.
> ⑤ 불량부분이 발견되었을 경우에는 다른 동종의 설비에 대해서도 점검한다.
> ⑥ 안전점검은 안전수준의 향상을 목적으로 하는 것임을 염두에 두어야 한다
> ⑦ 점검할 때, 작업자에게 동정적이고 안이한 점검이 되어서는 안 된다.
> 출처 교재 86p

48 안전점검시 안전대책 3가지를 쓰시오.

> 답

> 정답 ① 자동점검 시스템화·페일 세이프화·부품의 유니트(unit)화 등의 채택
> ② 보호구 착용 및 안전장치·안전망·덮개·승강설비·개폐기 등 구비
> ③ 점검작업의 표준화(standardization)
> ④ 작업자 자격요건 정비 및 교육 실시
> ⑤ 점검작업에 적합한 감독자 배치
> 출처 교재 86p
> 보충 페일세이프화 : 기계가 고장났을 경우 그대로 사용해서 사고,재해로 연결되는 일이 없이 안전을 확보하는 기구

49 다음 보기의 ( )안에 알맞은 용어를 쓰시오.

> 안전·보건표지란 작업안전을 위하여 일정한 (①)·기호·(②) 등으로 금지, 경고, 지시, 안내 등을 나타낸 표지판으로 (③)의 일종이다.

답

정답 ① 색, ② 문자, ③ 안전명령
출처 교재 87p

50 안전·보건표지의 종류 4가지를 쓰시오.

답

정답 ① 금지표지, ② 경고표지,
③ 지시표지, ④ 안내표지
출처 교재 89p

보충 **안전·보건표지와 색깔**

구 분	색 깔	내 용
금지표지	빨강	• 인화 또는 발화하기 쉬운 위험물이 있는 장소를 나타내며, 소화설비 및 방화설비가 있는 것을 알려 주고 위험 행동을 금지하는 데 쓰인다
지시표지	파랑	• 일정한 행동을 취할 것을 지시하는 표지이다. • 예를 들면 보안경을 착용할 것을 지시하고 방독마스크를 착용할 것을 지시하는 경우이다. • 원의 직경은 부착된 거리의 40분의 1 이상이어야 하며, 파란색은 전체 면적의 50% 이상을 차지하도록 해야 한다.
경고표지	노랑	• 위험을 경고하고 주의해야 할 것을 나타낸다. • 노란색의 면적이 전체의 50% 이상을 차지하도록 하여야 한다.
안내표지	녹색	• 안전에 관한 정보를 제공하는 안내표지이다. • 녹색 바탕의 정방형 또는 장방형이며, 표현하고자 하는 내용은 흰색이고, 녹색은 전체 면적의 50% 이상이 되어야 한다
기 타	흰색	• 파란색과 녹색의 보조색으로 쓰인다.
	검정	• 문자나 빨강, 노랑에 대한 보조색으로 쓰인다.

51 다음 보기의 안전보건표지의 이름은?

답

정답 방진마스크 착용
출처 교재 89~96P 산업안전보건법 시행규칙 별표 6
보충 표지의 종류

1. 금지표지	출입금지	보행금지	차량통행금지	사용금지	탑승금지	금연
	화기금지	물체이동금지		인화성물질 경고	산화성물질 경고	폭발성물질 경고	급성독성물질 경고
2. 경고표지	부식성물질 경고	방사성물질 경고	고압전기 경고	매달린 물체 경고	낙하물 경고	고온 경고	저온 경고
	몸균형 상실 경고	레이저광선 경고	발암성·변이원성·생식독성·전신독성·호흡기과민성물질경고	위험장소 경고			
3. 지시표지					보안경 착용	방독마스크 착용	방진마스크 착용	보안면 착용	안전모 착용	귀마개 착용	안전화 착용	안전장갑 착용	안전복 착용

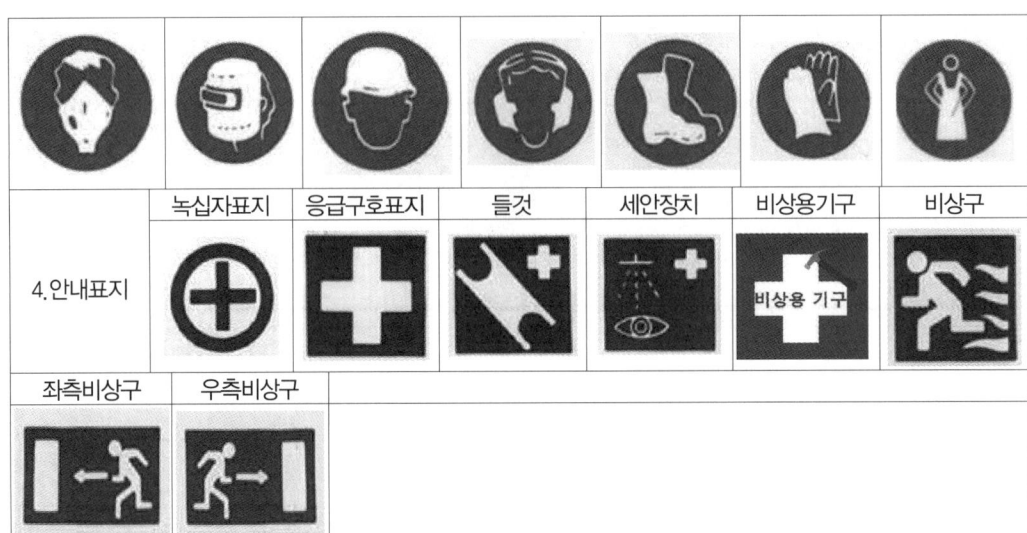

52 금지표지에 대한 설명이다. ( )안에 알맞은 용어를 쓰시오.

> 금지표지는 어떤 특정한 행위가 허용되지 않음을 나타낸다. 이 표지는 흰색 바탕에 빨간색 원과 (①)° 각도의 빗선으로 이루어진다. 금지할 내용은 원의 중앙에 검정색으로 표현하며, 둥근테와 빗선의 굵기는 원외경의 (②)%이다.

답

정답 ① 45, ② 10
출처 교재 89p

53 무재해의 정의를 서술하시오.

답

정답 작업자가 업무에 기인하여 사망, 부상 또는 질병에 이환되지 않는 것을 말한다.
출처 교재 98P

54 재해의 범위를 재해와 사고로 나누어 서술하시오.

답

정답 ① 재해 : 사망 또는 요양을 수반하는 부상이나 질병에 이환된 것
② 사고 : 재해를 수반하지 아니한 경우라 할지라도 사고당 500만원 이상의 재산적 손실이 발생한 경우
출처 교재 98P

55 무재해 이념의 3원칙을 쓰시오.

답

정답 ① 무(zero)의 원칙
② 선취의 원칙 ③ 참가의 원칙
출처 교재 99p

보충 무재해 이념의 3원칙

원 칙	내 용
무의 원칙	직장 내외 모든 잠재위험요인을 적극적으로 사전에 발견, 파악, 해결함으로써 뿌리에서부터 산업재해를 제거하는 것
선취의 원칙	일체 직장의 위험요인을 행동하기 전에 발견하여 파악 해결함으로써 재해를 예방하거나 방지하는 것
참가의 원칙	작업에 따르는 잠재적인 위험요인을 발견, 해결하기 위하여 전원이 일치협력하여 각자의 처지에서 해보겠다는 의욕으로 문제해결행동을 실천하는 것

56 무재해 운동의 추진 3기둥을 쓰시오.

답

정답 ① 최고 경영장의 엄격한 경영자세
② 안전 관리의 라인화 ③ 직장 자주 활동의 활발화
출처 교재 99p

57 위험예지훈련의 실질적 내용 3가지를 쓰시오.

답

정답 ① 감수성훈련
② TBM훈련 ③ 문제해결 훈련
출처 교재 99p

58 위험예지훈련의 4단계를 쓰시오.

답

정답   ① 제 1 단계 : 현상파악 ② 제 2 단계 : 본질추구
③ 제 3 단계 : 대책수립 ④ 제 4 단계 : 목표설정

출처   위험 예지 훈련의 4단계 (교재 99p)

단계		내용
제1단계	현상파악(사실의 파악)	• 어떤 위험이 잠재하고 있는가? • "안전을 소홀히 하면 다치게 된다, 좋아"
제2단계	본질추구(원인을 파악)	• 이것이 위험의 포인트이다. • "안전장비를 착용하지 않으면 위험할 수 있다. 좋아"
제3단계	대책수립	• 당신이라면 어떻게 할 것인가. • "안전장비를 확인 점검하자. 좋아"
제4단계	목표설정 (행동계획의 결정)	• 우리들은 이렇게 한다. • "안전장비 확인 좋아"

59 6~12명의 구성원으로 타인의 비판 없이 자유로운 토론을 통하여 다량의 독창적인 아이디어를 이끌어내고, 대안적 해결안을 찾기 위한 집단적 사고기법은 무엇인가?

답

정답   브레인 스토밍

출처   2018. 제3회 산업안전기사 1차 기출(교재 99p)

60 브레인 스토밍 4단계를 쓰시오.

답

정답   ① 비판금지 ② 자유분방
③ 대량발언 ④ 수정발언

출처   교재 99p

보충   4원칙의 내용
- 비판금지 : 다른 사람의 발언에 대해 좋고 나쁨을 비판하지 않는다.
- 자유분방 : 자유로운 분위기에서 편안한 마음으로 발언한다.
- 대량발언 : 발언 내용이 질에 관계없이 많이 발언한다.(질보다 양)
- 수정발언 : 다른 사람의 발언을 수정하거나 덧붙여 설명해도 좋다.

61 다음의 ( )안에 알맞은 용어를 순서대로 쓰시오.

> - (①)은 작업장에서 그때 그 장소의 상황에 즉응하여 실시하는 위험 예지활동으로서 즉시 즉응법이라고도 한다.
> - (②)은 작업을 안전하게 기계의 오조작 없이 하기 위하여 작업의 각 요소에서 자신의 행동을 『…좋아』라고 대상을 지적하여 큰소리로 확인하는 것이다.

답

정답 ① TBM, ② 지적확인
출처 교재 99p

62 TBM (Tool Box Meeting)5단계를 쓰시오.

답

정답 ① 도입 - ② 점검 정비 - ③ 작업지시 - ④ 위험예측 - ⑤ 확인
출처 교재 100p

보충 TBM(Tool Box Meeting)5단계

구분		내용
제1단계	도 입	직장 체조, 무재해기 게양, 인사, 안전연설, 목표제창
제2단계	점검 정비	건강, 복장, 공구, 보호구, 사용기기, 재료
제3단계	작업 지시	
제4단계	위험 예측	해당 작업에 관한 위험 예측활동/예지훈련
제5단계	확 인	위험에 대한 대책과 팀 목표의 확인, Touch and call

63 서로 손을 얹고 팀의 행동구호를 외치는 무재해 운동 추진 기법의 하나로, 스킨십 (Skinship)에 바탕을 두고 팀 전원의 일체감, 연대감을 느끼게 하며, 대뇌피질의 안전태도 형성에 좋은 이미지를 심어주는 기법은?

답

정답 Touch and call
출처 2019 제3회 1차 기출문제

64 사고예방활동의 경제적 판단기준 4가지를 쓰시오.

답

정답 ① 위험회피(Avoidance) ② 위험감수(Retainment)
③ 최소화(Reduction) ④ 위험전가(Transfer)
출처 교재 100p

65 근원적 안전설계 방법 2가지를 쓰시오.

답

정답 ① 영향의 제한 ② 단순화
출처 교재 100p

보충 근원적 안전설계 방법 (유해·위험성이 높은 취급조건 및 형태를 낮은 조건으로 완화)
① 영향의 제한(Limitation of effects) : 안전거리 및 여유 공간 확보로 누출, 화재폭발 시 2차재해 확산되는 도미노 현상 방지
② 단순화(Simplification) : 작업자의 운전상 실수 및 오류가 최소화 될 수 있도록 쉽게 설계

66 위험관리 모델 5가지 (위험제어의 5원칙)중 위험의 제거방법 2가지를 쓰시오.

답

정답 ① 대체, ② 작업방법 변경
출처 교재 101p

보충 위험관리 모델

모델	내용	방법
위험원의 제거방법	안전이 확보된 작업으로 대체	대체, 작업방법변경
위험원의 격리방법	위험장소에의 접근금지	방호울(접근금지 철망), 원격자동제어
위험원의 방호방법	위험장소에 접근시에 재해가 발생하지 않도록 방호	덮개, 방호장치
위험에 대한 사람측면의 보강 (물질적 조치)	시설개선이 어려울 경우 근로자를 대상으로 하는 조치	도구, 장비 사용, 보호구 착용
위험에 대한 사람의 관리 (의식적 조치)	위험요인에 대하여 작업자의 안전의식을 높여주는 조치	대응. 안전한 위치 및 자세, 안전수칙준수

67 안전보건개선 계획 수립시 작성내용 중 공통항목 3가지를 쓰시오.

답

정답 ① 안전보건관리 관리상태
② 안전보건관계자 지정 및 직무수행상태 (공동작업시)
③ 안전보건교육의 실시 및 교재
④ 재해분석 및 대책수립
⑤ 작업별 보호구, 안전장치의 성능 검정품 사용
⑥ 안전보건표지, 작업표준 및 안전수칙 게시
⑦ 작업 통로 및 정리정돈 상태
⑧ 작업방법 및 절차 등
출처 교재 101 p

68 매슬로우(Maslow)의 욕구위계설에서 제시한 인간 욕구들을 낮은 단계부터 높은 단계의 순서로 바르게 나열하시오.

답

정답 생리적 욕구 → 안전 욕구 → 사회적 욕구 → 존경 욕구 → 자아실현의 욕구
출처 인간공학기사 2019 제3회 1차 기출문제

제2장 농업인 안전관리

01 다음 보기의 ( )안에 알맞은 용어를 쓰시오.

- 남성은 농기계 관련 사고가, 여성은 (①) 사고가 각 성별 사고의 약 반절을 차지하였다.
- 농기계 손상 사고의 반절 정도는 (②) 관련 사고이다.
- 농업인의 업무상 질병의 종류는 (③)질환이 가장 많고(전체 업무상 질환의 약 70% 이상 차지), 다음으로 (④) 질환이 주로 보고되었다.

답

정답 ① 넘어짐, ② 경운기, ③ 근골격계, ④ 순환기계
출처 교재 107p

02 관절의 연결이 어긋난 것, 어깨가 빠졌다 등으로 표현되는 상해는?

답

정답 탈구
출처 교재 112p

보충 **상해의 분류 및 내용**

분류	내용
긁힘/찰과상	• 긁힌 상처, 넘어지거나 긁히는 등의 마찰에 의하여 피부 표면에 생기는 외상
찔림(자상)	• 날카롭고 뾰족한 것에 피부가 찔려 발생되는 손상
타박상/멍	• 외부의 충격이나 둔탁한 힘 (구타, 넘어짐) 등에 의해 연부 조직과 근육 등에 손상을 입어 피부 속 출혈(멍)과 부종이 보이는 손상
삠/접질림(염좌)	• 관절을 지지해주는 인대나 근육(주로 인대)이 외부 충격 등에 의해서 늘어나거나 일부 찢어지는 손상
베임(열상/개방상)	• 날카롭고 뾰족한 것에 피부가 잘리거나 찢어진 손상
신체 절단	• 뼈, 근육, 신경, 피부 모두의 연속성이 끊어진 것
골절	• 뼈의 연속성이 끊어진 것 (부러짐)
탈구	• 관절의 연결이 어긋난 것, 어깨가 빠졌다 등으로 표현
근육/인대 파열	• 근육/인대가 완전히 끊어진 것 (근육/인대가 늘어나거나 일부 끊어지는 것은 염좌)
허리/목 디스크 파열	• 사고 손상으로 허리 또는 목 척추의 디스크가 파열된 경우(만성적인 사용으로 서서히 발생한 허리/목 척추 디스크는 업무상 질병에 해당함)
일시적인 의식상실 (뇌진탕 등)	• 머리를 땅에 부딪힌 경우, 시설, 기계에 머리를 부딪힌 경우 등 머리 손상으로 일시적인 의식상실 (기절, 뇌진탕 등)
중독/질식	• 음식·약물·가스등에 의한 중독이나 질식된 상해
동물에 물림 (교상)	• 소, 말 등 키우는 동물의 이빨에 물린 경우, 또는 벌에 물린 경우, 농작업 중 뱀에 물린 경우 등
일시적/영구적 청력상실	• 단일 사고로 인해 일시적으로 또는 조사 당시까지 뿐만 아니라 앞으로도 청력이 완전히 소실되거나 예전보다 청력이 뚜렷이 감소된 경우
일시적/영구적 시력상실	• 단일 사고로 인해 일시적으로 또는 조사 당시 까지 뿐만 아니라 앞으로도 시력이 완전히 소실되거나 예전보다 시력이 뚜렷이 감소된 경우
화상	• 화재 또는 고온물 접촉으로 인한 상해
동상	• 저온물 접촉으로 생긴 상해

03 상해 발생 형태의 분류 기준에 대한 설명이다. (   )안에 알맞은 용어를 순서대로 쓰시오.

> - 재해자가 「넘어짐」으로 인하여 기계의 동력전달부위 등에 「끼이는」 재해가 발생하여 신체부위가 「절단」 된 경우에는 (①)으로 분류
> - 재해자가 구조물 상부에서 「넘어짐」으로 인하여 사람이 「떨어져」 두개골 골절 등이 발생한 경우에는 (②)으로 분류
> - 재해 당시 바닥면과 신체가 떨어진 상태로 더 낮은 위치로 떨어진 경우에는 (③)으로, 바닥면과 신체가 접해 있는 상태에서 더 낮은 위치로 떨어진 경우에는 (④)으로 분류
> - 신체가 바닥면과 접해있었는지 여부를 알 수 없는 경우에는 작업발판 등 구조물의 높이가 보폭(약 60㎝) 이상인 경우에는 신체가 구조물과 바닥면에서 떨어진 것으로 판단하여 (⑤)으로 분류하고, 그 보폭 미만인 경우는 (⑥)으로 분류

답

정답 ① 끼임, ② 떨어짐, ③ 떨어짐, ④ 넘어짐, ⑤ 떨어짐, ⑥ 넘어짐
출처 교재 115p

04 다음 보기에서 기인물, 가해물, 재해발생형태를 쓰시오.

> 롤러기의 청소작업을 하던 중 걸레를 쥔 손이 롤러에 말려 들어가서 부상을 당했다.

답

정답 기인물 : 롤러기,
가해물 : 롤러,
재해발생 형태 : 협착
출처 교재 115p

보충 미끄러운 기름이 흩어져 있는 복도 위를 걷다가 넘어져서 기계에 머리를 다쳤다.
- 기인물 : 바닥,
- 가해물 : 기계,
- 재해발생 형태 : 넘어짐 (전도)

05 산업안전보건법에서 규정한 중대재해에 대한 설명이다. ( )안에 알맞은 숫자를 쓰시오.

① 사망자가 (   )명 이상 발생한 재해
② (   )개월 이상의 요양이 필요한 부상자가 동시에 (   )명 이상 발생한 재해
③ 부상자 또는 직업성질병자가 동시에 (   )명 이상 발생한 재해

답

정답 1, 3, 2, 10
출처 교재 117 ~ 118p

06 다음 보기의 (   )안에 알맞은 용어를 순서대로 쓰시오.

① (①) : 사고의 유형, 기인물 등 분류항목을 큰 순서대로 도표화한다(문제나 목표의 이해에 편리).
② (②) : 특성과 요인관계를 도표로 하여 어골상(魚骨狀)으로 세분한다.
③ (③) : 2개 이상 문제 관계를 분석하는 데에 사용하는 것으로, 데이터(data)를 집계하고 표로 표시하여 요인별 결과 내역을 교차한 클로즈(close) 그림을 작성하여 분석한다.
④ (④) : 재해발생건수 등의 추이를 파악하여 목표관리를 행하는 데에 필요한 월별 발생수를 그래프(graph)화하여 관리선을 설정 관리하는 방법이다. 관리구역은 관리상한(UCL), 중심선(CL), 관리하한(LCL)으로 표시한다.

답

정답 ① 파레토도, ② 특성 요인도, ③ 클로즈(Close) 분석, ④ 관리도
출처 교재 122p
참고 2019년 제2회 필기1차 기출문제

07 다음 보기의 내용이 설명하는 개별적 사고원인 분석기법은?

> 사고의 원인이 되는 사실을 논리적으로 나무형태로 그려나가는 기법으로서, 발생된 재해에 대해서 재해를 구성하고 있는 사실들을 거꾸로 추적하여 근본적 원인을 찾아내는 시스템적 분석 기법

답

정답 로직트리 분석기법 (오류나무 기법)
출처 교재 123p

08 로직트리의 확장을 종료하는 최하위 원인 3가지 유형을 기술하시오.

답

정답 ① "안전시스템(System of safety, SOS)"의 문제로 정의될 때
② "정상(Normal)"일 때
③ "더 많은 정보가 필요할 때(Need more information, NMI)"
출처 교재 124p

해설 ① "안전시스템(System of safety, SOS)"의 문제로 정의될 때 : 이는 트리를 종료하는 최소한의 조건일 뿐이며, 안전시스템 중에서 어떤 부분이 잘못된 것인지 추가트리를 진행할 수도 있음
② "정상(Normal)" : 원인과 결과를 설명할 필요가 없는 그냥 정상적인 사실 일 때
③ "더 많은 정보가 필요함(Need more information, NMI)" : 로직트리를 확장하기 위해 필요한 정보가 없을 때임. 추가 조사가 필요한 경우임

09 넘어짐 사고의 예방방안 중 작업환경 개선 방법 3가지를 쓰시오.

답

정답 ① 축사 등 실내 공간이나 이동통로가 항상 젖어 있는 경우는 마찰력이 높은 바닥재를 사용한다.
② 평소와 달리 젖거나, 빙판이 생긴 경우 즉각적인 제거/완화 조치를 취한다. (물을 닦거나, 흙으로 덮거나, 빙판에 모래·소금을 뿌리는 등)
③ 다른 사람의 출입이 빈번한 곳에는 미끄럼 주의 위험 표지를 설치부착한다.
④ 자주 사용하는 경사지는 경사도를 줄이는 조치를 취한다.
⑤ 적절한 진출입로, 계단 등 안전한 이동 통로를 확보하고 이용한다.
⑥ 어두운 공간에는 충분한 조명을 설치한다.
⑦ 충분한 길이의 호스 등을 사용하여, 바닥위로 선이 팽팽하게 당겨지 있지 않도록 한다.
⑧ 이동공간이나 바닥에 호스, 줄, 선 등을 정리정돈하며, 이러한 장비들이 잘 보일 수 있도록 가시성을 높이기 위한 도색/표지 부착이 필요하다.
⑨ 많이 이용하는 장소에서는 풀을 제거하여 바닥에 놓여진 구조물/장비등이 잘 보이도록 한다.
⑩ 바닥의 구멍, 패인 곳, 벌어진 틈은 즉시 복구/수리하거나 복구전까지 위험표지를 설치한다.
출처 교재 130P
참고 2018년 제1회 필기 1차 기출문제

10 농작업 환경 중 추락사고의 주요 위험요인 3가지를 쓰시오.

답

정답 ① 사다리, 축사지붕 및 비닐하우스 시설,
② 농기계, ③ 경사지, ④ 취약한 지반
출처 교재 131p

11 다음은 사다리의 안전기준이다. (   )안에 알맞은 숫자를 차례대로 쓰시오.

> ① 이동식 사다리의 길이가 (①)m 초과하는 것을 사용하지 않도록 한다.
> ② 이동식 사다리 발판의 수직간격은 (②)㎝ ~ (③)㎝ 사이, 사다리 폭은 30㎝ 이상으로 제작된 사다리를 사용한다.
> ③ 기대는 사다리의 설치각도는 수평면에 대하여 (④)도 이하를 유지하고, 사다리 높이의 (⑤)길이의 수평거리를 유지하도록 한다.
> ④ 사다리의 상단은 사다리를 걸쳐놓은 지점으로부터 (⑥)m 이상 또는 사다리 발판 (⑦)개 이상의 높이로 올라오게 하여 설치한다.
> ⑤ 지면에서 (⑧)m이상 높이에서는 사다리가 아닌 고소작업대를 사용한다

답

정답 ① 6, ② 25, ③ 35, ④ 75, ⑤ 1/4, ⑥ 1, ⑦ 3, ⑧ 2
출처 교재 134~135p
참고 2018년 제1회 필기 1차 기출문제

12 기대는 사다리(일자형 사다리) 작업 안전지침이다. (   )안에 알맞은 용어를 순서대로 쓰시오.

> ① 기대는 사다리의 설치각도는 수평면에 대하여 (①)도 이하를 유지하고, 사다리 높이의 길이의 수평거리를 유지하도록 한다
> ② 사다리의 상단은 사다리를 걸쳐놓은 지점으로부터 m 이상 또는 사다리 발판 3개 이상의 높이로 올라오게 하여 설치한다.
> ③ 사다리의 상부 3개 발판 미만에서만 작업하며, ( )점 접촉을 유지한다.
> ④ 곡면에 사다리를 세우면 옆으로 쓰러져 불안정해지므로 나무나 전신주 등에는 가능한 한 세우지 않는다.

답

정답 ① 75, ② 1/4, ③ 1, ④ 3
출처 교재 134P

보충 계단식 사다리(A 자형 사다리) 안전 지침
① 계단식 사다리 기둥의 잠금장치를 확실하게 잠근 후 사용한다.
② 경사지 등에서의 안정적인 설치를 위해 사다리 4개에 각각 추가지지를 하는 전도방지대(아웃트리거)가 붙은 사다리를 사용한다.
③ 사다리의 상부 3개 발판 미만에서만 작업하며, 3점 접촉을 유지한다

13 우리 몸의 산소농도의 정상범위는 얼마 (%)인가?

답

정답 18 ~ 23.5%
출처 교재 136p

14 다음 중 화학적 질식제 3종류를 쓰시오.

답

정답 ① 일산화탄소, ② 아닐린, ③ 니트로소아민,
④ 황화수소, ⑤ 오존, ⑥ 염소, ⑦ 포스겐
출처 교재 136p

보충 질식제의 종류

구분	내용	예
단순 질식제	그 자체는 유해성이 없으나 공기 중 산소농도를 낮출 수 있는 물질	수소, 질소, 아르곤, 헬륨, 탄산가스 등
화학적 질식제	혈액 중 산소운반능력을 방해하는 물질	일산화탄소, 아닐린, 니트로소아민 등
	기도나 폐 조직을 자극·손상시켜 폐조직의 산소배분 기능을 저해하는 물질	황화수소, 오존, 염소, 포스겐 등

15 농작업시 산소결핍이나 유해가스 발생원인 3가지를 쓰시오.

답

정답 ① 물질의 산화작용 ② 불활성 가스의 사용
③ 미생물의 호흡작용 ④ 유해가스의 누출
출처 교재 136 ~ 137p

보충 농작업시 산소결핍이나 유해가스 발생원인
① 물질의 산화작용   : 철재, 석탄 등의 물질이 산화되면서 공기 중의 산소 소모
② 불활성 가스의 사용 : 질소, 아르곤 등의 불활성 가스를 사용하거나 채워둔 장소
③ 미생물의 호흡작용 : 미생물의 증식·발효, 유기물의 부패 과정에서 산소 소모
④ 유해가스의 누출

16 다음의 ( )에 알맞은 용어를 쓰시오.

> • 생강굴 질식사고는 생강이 저장된 토굴에서의 (①)에 의한 질식사고를 말한다.
> • 양돈장 분뇨 처리시설 내 질식사고는 밀폐공간에서 유기물의 혐기성 분해에 의해 발생된 (②)등의 유해가스에 의한 질식사고를 말한다

답

정답 ① 저산소증, ② 황화수소
출처 교재 137~138p

보충 적정공기 (2019년 제2회 필기 1차 기출문제)

구 분	적정기준
산소농도	18.5~23%
황화수소	10ppm미만
일산화탄소	30ppm미만
이산화탄소	1.5%미만

17 다음의 ( )안에 알맞은 용어를 골라 쓰시오.

> • 황화수소는 온도가 (높을수록, 낮을수록) 용존산소가 (높을수록, 낮을수록), 정체된 공간일수록 발생량이 증가한다.
> • 황화수소의 허용기준은 ( )ppm(8시간 작업 기준)이며, ( ) ppm 이상의 고농도 노출시에는 노출 즉시 호흡정지 또는 질식으로 사망한다.

답

정답 높을수록, 낮을수록, 10, 700
출처 교재 138p, 139p

18 밀폐공간작업을 하는 근로자를 대상으로 특별안전·보건교육의 내용 3가지를 쓰시오.

답

> **정답** ① 산소농도 측정 및 작업환경에 관한 사항
> ② 사고 시의 응급처치 및 비상 시 구출에 관한 사항
> ③ 보호구 착용 및 사용방법에 관한 사항
> ④ 밀폐공간작업의 안전작업방법에 관한 사항
> **출처** 교재 140p

19 밀폐공간 작업시 필요한 안전장비 3가지를 쓰시오.

답

> **정답** ① 공기호흡기, ② 공기마스크, ③ 안전대, ④ 보호가드,
> ⑤ 구명밧줄, ⑥ 구조용 삼각대, ⑦ 무전기, ⑧ 경보기
> ⑨ 산소 및 유해가스 농도측정기, ⑩ 환기팬
> **출처** 교재 140p

보충 밀폐공간 작업시 필요한 안전장비
① 호흡기 보호를 위한 호흡용 보호구(공기호흡기 또는 송기마스크)
  • 공기호흡기 (SCBA)
  • 공기마스크 : 외부에서 송기라인을 통해 공기를 공급하는 방식
② 추락사고시를 대비한 안전대, 보호가드, 구명 밧줄 등
③ 구조용 삼각대, 무전기, 경보기 등
④ 산소 및 유해가스 농도측정기
⑤ 환기팬

20 밀폐공간 작업 안전장비중 혼합가스 농도 측정기에서 측정하는 혼합가스 3가지를 쓰시오.

답

> **정답** ① 산소, ② 황화수소,
> ③ 일산화탄소, ④ 가연성가스(메탄)
> **출처** 교재141p

21 다음은 밀폐공간의 적절한 환기방법에 대한 내용이다. (   )안에 알맞은 용어를 쓰시오.

- 일반적으로 밀폐공간 체적의 약 (①)배 이상의 신선한 공기로 급기
- 급기구와 배기구를 적절하게 배치하여 효과적으로 환기하며, 급기부는 깨끗한 공기가 들어올 수 있도록 배기부와 떨어져서 설치
- 급기(공기를 불어넣음)시 (②)를 작업자 머리 위에 위치
- 배기(공기를 빼어냄)시 (③)를 작업 공간 깊숙이 위치

답

정답 ① 5, ② 토출구, ③ 유입구
출처 교재 142p

제3장 농업기계 안전관리

01 분진이 발생하는 작업을 할 때, 작업요령이다.(   )안에 알맞은 용어를 쓰시오

- 분진이 발생하는 작업을 할 때는 방진안경, (①)를(을) 착용한다.
- 실내인 경우에는 발생원을 (②)등으로 두르거나 (③)를(을) 부착, (④)으로 포집(捕集)하여 배출시킨다.
- 실외인 경우에는 (⑤)방향으로 서서 작업한다.

답

정답 ① 방진마스크, ② 커텐, ③ 덕트, ④ 흡입팬, ⑤ 바람
출처 교재 148p

02 농업기계 작업 시 유의사항 4개를 쓰시오.

답

> 정답 ① 계획적인 작업을 실시한다.
> ② 작업에 적합한 복장과 보호구를 착용한다.
> ③ 주변 작업환경을 고려한다.
> ④ 사고에 대비한다.
> 출처 교재 149p

03 비산물에 의한 안면의 상해 방지를 위한 보호구 3가지를 쓰시오.

답

> 정답 ① 보호안경, ② 마스크, ③ 페이스실드
> 출처 교재 150p

04 추락전도 사고의 위험성이 높은 지역에서의 주의 사항이다. ( )안에 알맞은 용어를 쓰시오.

- 경사지나 언덕길에서는 저속으로 주행하고, 좌우독립 브레이크 페달을 반드시 연결하고, 작업기를 내려 (①)을 낮추어 준다.
- 경사지에서 작업할 때는 앞차륜이 들리지 않도록 (②)를 부착한다. 경사지에서 등고선 방향으로 주행할 경우에는 분담하중이 ③ (큰, 작은) 쪽을 가능한 한 높은 쪽으로 향하도록 한다.
- 급한 내리막에서는 반드시 ④ (조향클러치, 엔진브레이크)를 이용한다.

답

> 정답 ① 무게중심, ② 밸런스 웨이트,
> ③ 큰, ④ 엔진브레이크
> 출처 151p

05 우리나라의 정부지원대상 농업기계를 크기나 정밀도, 안전성 등에 의하여 3가지 기종으로 나뉘어 있는데, 그 3가지 기종을 쓰시오.

답

> 정답 ① 종합검정 대상 기종,
> ② 안전검정 대상 기종, ③ 자유화 진입기종
> 출처 교재 154p

06 저속차량표시등이 고정 설치되어야 하는 농기계 3가지 쓰시오.

정답 ① 농업용 트랙터, ② 콤바인, ③ 농업용 동력운반차(승용형에 한함), ④ 동력경운기용 트레일러
출처 교재 155p
보충 개별등화장치 안전기준

구 분	안 전 기 준
농업용 트랙터, 승용자주형 농업기계 중 스피드스프레이어·농업용 동력운반차·주행형동력분무기·퇴비살포기·원거리용 방제기 및 최고 주행속도가 15km/h 이상인 승용자주형 농업기계	• 전조등, 후미등, 제동등, 방향지시등이 부착되어있어야 한다.
콤바인, 동력경운기, 승용관리기, 농용굴삭기, 농용로더 및 승용자주형 동력제초기	• 등광색이 백색인 전조등이 부착되어 있어야 한다.
농업용 트랙터용 부속작업기 중 트레일러·결속기·스피드스프레이어·액상비료살포기·주행형 동력분무기·퇴비살포기·원거리용 방제기 및 동력경운기용 트레일러	• 후미등(또는 점멸등), 제동등, 방향지시등, 야간반사판이 부착되어 있어야 한다. 다만, 후미등이 야간반사판을 겸용할 경우 후미등 반사부의 유효면적이 35㎠ 이상일 때에는 야간반사판이 부착된 것으로 간주한다.
적재정량 0.5톤 이하의 트레일러	• 제동등은 제외되고 후미등과 방향지시등은 겸용할 수 있으며, 탑재형 농업기계는 부착동력기의 등화장치로 후미등, 제동등, 방향지시등을 대신할 수 있으나 이 경우에는 야간반사판을 별도로 부착하여야 한다.
농용굴삭기, 농용로더, 보행형 동력경운기용 스피드스프레이어 및 퇴비살포기, 승용관리기용 퇴비살포기, 보행형관리기용 트레일러, 자주형결속기(베일러), 주행형 동력탈곡기	• 야간반사판이 부착되어야 한다.
기체 폭이 부착동력기의 폭을 초과하는 농작업기계	• 전방에서 보일 수 있는 황색 반사물질과 후방에서 보일 수 있는 적색 반사물질을 초과되는 돌출부 측단에 최대한 가까이 부착되어야 한다.
동력경운기	• 피견인형작업기의 방향지시등, 후미등이 주행 시 작동될 수 있도록 전원을 공급할 수 있는 구조이어야 한다.
농업용 트랙터, 콤바인, 농업용 동력운반차(승용형에 한함) 및 동력경운기용 트레일러	• 저속차량표시등이 고정 설치되어야 한다.
농업용 트랙터	• 차폭등과 비상점멸표시등이 부착되어야 한다.

07 트랙터 및 부속작업기의 엔진시동시 주의사항을 기술하시오.

답

정답 1. 반드시 운전석에 앉아서 각종 조작레버가 중립위치에 있는지, 주차브레이크가 걸려 있는지와 작업기의 위치를 확인한 다음 주위를 잘 살피고 공동 작업자 등이 있을 경우에는 신호를 보낸 후 시동을 건다.
2. 시동 후에는 주위의 안전을 확인한 후 천천히 출발한다.
3. 시동이 되면 충전 경고등이나 윤활유 경고등, 기타 경고등이 꺼지는지를 확인한다. 이때, 꺼지지 않으면 즉시 시동을 끄고 원인을 파악하고 조치한다.

출처 교재 158p

08 트랙터 및 부속작업기가 일반 자동차와의 속도차이에 의해 사고로 이어지는 경우를 방지하기 위한 조치사항을 기술하시오.

답

정답 저속차량표시등과 야광 반사판 등을 부착하여 눈에 띄기 쉽도록 하고, 기체폭도 차폭등이나 야간 반사테이프를 부착하는 등으로 상대 운전자가 쉽게 알아볼 수 있도록 한다.

출처 교재 161P

09 트랙터의 유해·위험 요인 3가지를 쓰시오.

답

정답 1. 경사지, 둑, 도랑, 논밭 출입구 등에서 트랙터가 이동할 때 넘어질 위험
2. 회전하는 로터리(로터베이터) 날이나 동력취출(Power Take Off, PTO)축 등에 옷이나 신체가 감기거나 끼일 위험
3. 트랙터가 주변 작업자와 부딪치거나 작업자의 발을 밟고 지나갈 위험
4. 야간에 도로를 주행하는 트랙터를 뒤따라오던 차량이 후방에서 들이받을 위험

출처 교재 161p

10 농기계 점검시 배터리 분리 및 연결시 주의사항을 기술하시오.

답

정답 배터리를 분리할 필요가 있을 때에는 [−]단자를 먼저 분리하고, 연결할 때에는 [+] 단자를 먼저 연결한다.
출처 교재 160p

11 동력경운기, 보행관리기로 경사지를 내려가면서 선회할 때 조작방법을 기술하시오.

답

정답 조속레버를 저속으로 하고 선회하고자 하는 반대쪽의 조향클러치를 잡고 약간의 힘을 주어 선회한다.
출처 교재 164p
보충
- 작업 중 선회할 때 : 조속레버를 저속으로 하고 선회할 방향의 조향클러치 레버를 잡고 선회하며 선회가 되면 즉시 레버를 놓는다.
- 후진을 할 때 : 핸들이 들려 올라가기 쉽기 때문에 엔진회전을 저속으로 하고 핸들을 확실히 누르면서 천천히 클러치를 연결한다.
- 언덕길 또는 경사지에서 운전할 때 : 조향클러치를 조작하지 말고 핸들을 조작하여 선회한다.

12 동력경운기로 비닐하우스 등 실내에서 작업시 주의사항 2가지를 쓰시오.

답

정답 1. 충돌이나 낄 우려가 있으므로 배관, 지주, 유인와이어 등의 장애물에 주의한다.
2. 엔진 배출가스에 의한 일산화탄소 중독의 우려가 있으므로 충분히 환기하면서 작업을 한다.
출처 교재 164p

13 다음 보기의 ( )안에 알맞은 용어를 쓰시오.

> 동력경운기에 트레일러를 부착한 경우에 고속 주행 시 급선회하면 ( ) 현상이 일어날 우려가 있으므로 가급적 조향클러치를 사용하지 말고 핸들조작으로 선회하도록 한다

답

정답 잭나이프
출처 교재 166p

보충 잭나이프(jackknife) 현상
1. 경운기 본체로 트레일러를 견인하는 중에 본체와 트레일러가 잭나이프와 같이 꺾어지는 현상으로 운행 중에 급브레이크를 밟거나 급선회하면 뒤에 연결된 트레일러가 중심을 잃고 연결부(Joint)를 축으로 본체와 트레일러가 잭나이프와 같이 구부러져 버리는 현상을 말한다
2. 트랙터와 견인되는 작업기가 일직선형 상태를 벗어나 'L'자나 'V'자 형태를 만드는 것

14 이앙기 조작시 주의사항이다, ( )안에 알맞은 용어를 쓰시오.

> - 논 출입시는 포장출입로 또는 논두렁에 ① (직각, 45°)(으)로 진행해야 하며, 논둑이 높을 경우 보조발판을 사용한다. 경사지 운전은 ② (전진, 후진)으로 한다.
> - 포장 출입로, 경사진 농로, 차량 적재시 등 경사진 곳에서는 ③ (전진, 후진)으로 올라가고 ④ (전진, 후진)으로 내려온다

답

정답 ① 직각, ② 후진, ③ 후진, ④ 전진
출처 교재 168p

15 퇴비살포기의 안전사용기준 3가지를 쓰시오.

답

정답 ① 퇴비살포기를 트랙터에 장착할 때는 반드시 2인 1조로 하여 한 사람은 퇴비살포기를 잡고 다른 한 사람은 3점 링크를 연결하여 단단히 고정한다.
② 퇴비살포기와 트랙터를 결합하거나 분리하기 위하여 핀을 끼우거나 뺄 때 손에 상해를 입을 우려가 있으므로 주의한다.
③ 시동을 걸 때에는 퇴비살포기 동력연결 차단레버를 반드시 차단위치에 놓고 시동을 건다.
④ 퇴비살포기 위에 올라가거나 퇴비 투입구에 손을 넣지 않는다.
⑤ 퇴비나 이물질이 작동부에 끼일 때 엔진을 정지시키고 제거한다.
⑥ 살포회전판은 기계작동을 정지한 후 조정하고, 작동시 회전판 주위에 사람의 접근을 금한다.
출처 교재 170p

16 비닐피복기 사용시 매 일정시간 작업 후에 관찰해야 할 사항 3가지를 쓰시오

답

정답 ① 너트의 풀림상태,
② 오일의 누유여부,
③ 각 부품의 파손 여부
출처 교재 170p

17 동력예취기 사용시 착용해야 할 보호구 3개를 쓰시오

답

정답 ① 안전모, ② 보호안경,
③ 무릎보호대, ④ 안전화
출처 교재 171p

보충 농업기계와 보호구
- 동력살분무기 : 보안경, 청력보호구, 안면필터마스크
- 연무기 ; 방제복, 방제마스크, 고무장갑

18 다음은 동력예취기의 안전사용기준에 관한 내용이다. ( )안에 알맞은 용어를 골라 쓰시오.

> - 안전모, 보호안경, 무릎보호대, 안전화 등 보호구를 착용한다.
> - ① (제초, 전지)용으로만 사용한다.
> - 예취날 등 각 부분의 체결상태와 손상된 부분은 없는지 등을 확인하여 이상부위는 즉시 정비한다.
> - 작업할 곳에 빈병이나 깡통, 돌 등 위험요인이 없는지 확인하여 반드시 치운다.
> - 언덕이나 경사지에서 작업 시 신체의 균형을 잡아 안정된 자세로 작업한다.
> - 운전 중 항상 기계의 작업범위 ② (15, 30)m내에 사람이 접근하지 못하도록 하는 등 안전을 확인하고, 예취작업은 ③ (오른쪽, 왼쪽)에서 ④ (오른쪽, 왼쪽)방향으로 한다.
> - 시동 전 반드시 ⑤ (스로틀레버, 유니버스 조인트)를 조정하여 ⑥ (저속, 고속) 위치에 맞추고 예초기가 움직이지 않도록 확실히 잡고 예취날이 지면에 닿지 않도록 한 다음 시동을 건다.
> - 반드시 두 손으로 작업하고 작업 중 칼날을 지면에서 ⑦ (15, 30)cm 이상 이격시키지 않는다. 가급적 예취날은 작업에 맞도록 사용하며 일자날 사용은 하지 않도록 한다.

답

정답 ① 제초, ② 15, ③ 오른쪽, ④ 왼쪽, ⑤ 스로틀레버, ⑥ 저속, ⑦ 30
출처 교재 171p

19 콤바인 정치 탈곡시 주의사항 3가지를 쓰시오.

답

정답 1. 탈곡부에 손을 넣지 않는다.
2. 탈곡과 관계없는 예취부 등은 정지한다.
3. 작물을 무리하게 투입하지 않는다.
4. 장갑을 끼거나 수건을 허리에 두르지 않는다. 만일 손이나 옷이 말려 들어갈 때는 긴급 정지장치를 작동시켜 엔진을 정지시킨다.
5. 피드체인에 말려들어가지 않도록 소매 끝을 조여 준다.
출처 교재 174P
참고 2018년 제1회 필기 1차 기출문제

20. 땅속작물수확기 안전사용기준 3가지를 쓰시오

답

정답 ① 작업 전 굴취날은 파손된 곳이 없는지 확인한다.
② 작업 전 체인 장력이 맞는지 확인하고 기계를 장시간 사용한 후에는 장력조절볼트를 조여주어 장력을 조정한다.
③ 동력기에 부착 후 수확기를 동력기 중심에 오도록 맞춘 후 체크체인을 조여서, 좌우 흔들림을 방지한다.
④ 작업 중 이상이 발생하면 즉시 작업을 멈추고 점검 및 정비한다.
⑤ 안전방호장치를 떼어내고 작업하면 신체일부분이나 옷자락 등이 체인 등에 휘말려 치명적인 신체적 손상을 초래할 수 있으므로 떼어내지 않는다.
⑥ 작업 후, 굴취부, 선별부에 이물질이 있으면 제거하며, 다른 주요부에도 이물질이 끼어 있지 않는지 잘 점검한다.
⑦ 정비나 조정 또는 먼지를 제거하고자 할 경우에는 반드시 PTO를 끊고 엔진을 정지한 다음에 실시한다.
⑧ 수확기를 장착하고 주행시 주위사람이나 나무, 건물 등과 충돌하지 않도록 주의하며, 속도를 낮추고 급선회를 하지 않는다.
⑨ 트랙터 부착형은 경사길에 올라갈 때 밸런스웨이트를 트랙터에 부착한다.
출처 교재 174~175p

21. 콩탈곡기의 안전사용기준 3가지를 쓰시오.

답

정답 ① 전원이 가깝고 바닥은 수평인 곳에서 작업한다.
② 작업 전 각 부의 손상, 오손, 볼트, 너트의 풀림, 각 벨트의 장력 등을 점검한다.
③ 기계는 반드시 접지시켜야 하며, 습기가 많은 곳에서는 접지봉을 75cm이상 깊이로 묻어야 한다.
④ 만일의 감전사고 방지를 위해서 전기공사시 별도로 전용의 누전 차단기를 설치 사용한다.
⑤ 사용 중에는 뚜껑을 절대 열지 않아야 하며 수시로 전원을 차단한 다음 각 부위를 깨끗이 청소한다.
⑥ 작업재료에 쇠붙이나 돌 등이 들어가지 않게 주의한다.

⑦ 사용 중 현저한 진동이나 소음 및 이상한 냄새가 날 경우에는 즉시 전원을 끄고 점검한다.
⑧ 작업 중 회전부분에 절대로 손을 넣지 않는다.
⑨ 작업이나 점검정비를 위하여 벨트커버, 기타 방호장치를 분해할 경우에는 반드시 재조립한다.
⑩ 기계의 점검, 조정, 정비 등은 반드시 원동기를 정지시키고 기계가 정지된 후 행한다.
⑪ 설치나 철거시 반드시 차단기를 열어 전원을 차단한다.

출처 교재 175p

22 콩예취기의 안전사용기준에 대한 설명이다. (   )안에 알맞은 용어를 쓰시오.

- 엔진 시동 전에는 주위의 사람이나 물건의 안전을 확인하고 (①)레버와 (②)레버, (③)레버가 "끊김"으로 되어 있는 것을 확인한다.
- 경사각도는 좌우모두 (④)까지를 한도로 하고 (⑤)가 넘는 경사지에서는 기계사용을 하지 않는다.

답

정답 ① 주행클러치, ② 예취클러치, ③ 브레이크, ④ 10°, ⑤ 10°

출처 교재 176p

23 축산용 기계 굴삭기의 안전사용기준 3가지를 쓰시오

답

정답 ① 수도관, 가스관, 고전압관 등의 매설물이 의심되면 관리회사에 연락하여 위치를 확인한 후 매설물이 파손되지 않도록 작업한다.
② 절벽, 노견 및 도랑 근처에서는 가능하면 작업하지 않는다. 지반은 불안정하므로 장비 중량이나 진동으로 인해 지반이 무너져 장비가 전도 및 추락할 수 있다. 비온 뒤에는 지반이 연약해지므로 특히 조심한다.
③ 낙석 가능성이 높은 장소에서는 안전모를 반드시 착용한다.
④ 경사지에서 작업할 경우에는 선회 및 작업장치 조작 시에 장비가 균형을 잃고 전도할 우려가 있으므로 주의한다.
⑤ 장비의 트랙 밑까지 굴삭하지 않는다. 지반이 불안정하여 장비가 추락할 수 있다.

⑥ 고전압 전선 주위에서는 감전의 우려가 있어 위험하므로 장비와 전선사이의 안전거리를 확보한다. 만약 장비가 전선에 닿았을 경우에는 감전의 위험이 있으므로, 운전자는 전기가 차단될 때까지 운전석을 이탈하지 않는다.
⑦ 위험한 곳이나 시야가 나쁜 곳에는 신호자를 둔다.
⑧ 작업장치의 유압 시스템에는 항상 내압이 잔존한다. 내압을 빼내기 전에는 급유, 배유 또는 점검, 정비작업을 하지 않는다.
⑨ 험지 주행 및 진로 변경 시에는 저속으로 주행한다.
⑩ 가능한 장해물을 피해 주행한다. 부득이 장해물을 넘어가야 하는 경우에는 작업장치를 지면 가까이로 유지하면서 저속으로 주행한다. 또한, 장해물 통과 시에는 차체가 심하게 기울지(10도 이상)않도록 한다.
⑪ 장비 상차 작업은 평탄하고 견고한 지면에서 한다. 노견과의 거리를 충분히 둔다.
⑫ 상하차용 오름판은 적재함 높이의 4배 이상의 길이와 기계 차륜폭의 1.5배 이상의 폭과 1개당 차체 총중량의 1.5배 이상의 강도를 가지며, 미끄러지지 않는 제품을 사용한다. 오름판이 잘 휘어지는 경우에는 블록을 대어 보강한다.
⑬ 굴삭기를 상차한 후에 고임목 및 와이어로프 등을 이용해 장비가 움직이지 않도록 확실하게 고정한다.

해설 축산용기계 안전사용기준 (교재 178p)

구 분	안 전 사 용 기 준
로우더	• 상승된 버켓 아래에서는 통행하거나 작업을 하지 않는다. • 버켓에 사람을 탑승시켜 이동하거나 들어 올리지 않는다. • 전복사고를 방지하기 위해 경사진 곳이나 움푹 패인 구멍이나 개천, 기타 장애물은 항상 조심하도록 한다. • 작업할 때는 울퉁불퉁한 지대는 피하고, 경사진 곳에서는 일자로 곧바로 내려가거나 올라가도록 한다. • 물건의 적재는 로더의 전복 위험성을 최소화할 수 있는 장소에서 해야하고, 적재 장소나 창고 건물에는 회전시 필요한 일정 공간이 반드시 확보되어 있어야 한다. • 작업중에는 무게중심을 낮추고 시야를 넓게 확보하여야 한다. • 로우더의 한계능력을 초과하지 않도록 한다. • 회전할 때는 속도를 낮추고 급회전을 삼가 한다. • 작업할 때나 주행할 때는 항상 전력선을 조심하고, 작업도중 전력선에 접촉하였을 때는 운전석을 떠나지 않는다. • 로우더는 항상 견고하고 평평한 곳에서 안전하게 분리하되 유압호스를 분리하기 전에 먼저 모든 유압동력을 끈다. • 기계를 사용하면 감속장치와 유압회로 부분이 뜨거우므로 사용직후 절대로 만지거나 접촉하지 않도록 해야 한다. • 트랙터부착형 로더를 점검정비할 때에는 하강한 상태에서 하며, 어쩔 수 없이 로우더를 들어올린 상태에서 점검정비할 때에는 로우더가 하강하지 않도록 받침대 등으로 받쳐준다.

사료작물 수확기	• 기계의 회전부에 끌려들어가지 않도록 간편한 작업복과 미끄러지지 않는 장화와 모자 또는 헬멧, 방호용 안경을 반드시 착용한다. • 기계를 트랙터에 탈부착할 때는 주위나 작업기 사이에 사람이 들어가지 않도록 한다. • 체인 등 구동부의 안전보호 장치커버를 제거하면 손이나 옷자락이 감겨 부상이나 상해 등을 당할 수 있으니 절대 제거하지 않는다. • 10도 이상의 경사지에서는 작업하지 않으며 운반용 트럭에 상하차할 때에는 디딤판의 경사가 15도 이하가 되도록 한다. • 경사지나 울퉁불퉁한 지면을 운행하거나 급회전할 때는 속도를 줄이고 무리하게 급한 경사지에서의 운행은 하지 않는다. • 보관 시에는 지면이 평평한 곳에 받침대 등으로 지지하여 안전하게 보관하여야 하며 경사지 등에 보관 시 작업기가 넘어지거나 굴러 사고를 일으킬 수 있으니 주의한다.
모우어	• 기계가 작동할 때 반드시 보호판을 제자리에 위치시키고 보호판이 손상되면 반드시 교환한다. • 기계가 회전을 완전히 정지하기 전까지 기계의 로터 또는 커터 바에서 작업하는 것은 금한다. • 기계 밑으로 들어가 작업할 경우 고정블록이나 물리적인 안전장치를 사용하여 모우어가 낙하하지 않게 확실하게 고정한다. • 이동시에는 반드시 예취부 안전 커버를 장착하여야 한다.
반전 집초기	• 기어, 조인트, 회전구동 축의 안전커버는 절대 탈착하지 않는다. • 기계는 사용하기 전에 안전한 상태인지 작업 전 점검을 한다. • 작업 전 모든 부품들이 잘 작동되는지 몇 분간 기계를 천천히 작동시켜 본다. • 각종 구동부의 회전 반경 내에 사람이나 기타 방해물이 없는지 확인 후 작업한다. • 기계에 이상이 발생하였을 때는 엔진을 정지하고 정비점검사항을 읽어 확인점검한다. • 점검, 조정, 기타 수리할 때는 PTO 클러치를 중립에 놓고 엔진을 정지하고 주차 브레이크를 잠근 후 작업을 시작한다. • 지면 상태를 고려해서 적절한 속도를 선택하고 경사지를 오르고 내릴 때 또는 회전 시 급회전을 하지 않는다. • 반전집초기가 견인되는 상태에서 트랙터 회전 시에는 작업기의 폭과 관성을 항상 고려하여야 한다.
베일러	• 베일러를 트랙터에 연결할 때 트랙터 엔진을 멈추어야 하고 평평하고 안전한 장소에서 한다. • 경사지에서의 베일 방출은 경사지로 베일이 굴러가 위험하다. 반드시 평탄한 지역까지 이동하여 안전한 장소에서 방출하도록 한다. • 베일 방출은 후방에 사람이 없고 장해물이 없는 것을 확인하고 방출거리를 고려하여 방출한다. • 손이나 발로 기계작동을 억지로 멈추려 하거나, 손이나 발로 작물을 기계 안으로 밀어 넣지 않는다.

	• 사람이나 동물이 위험지역(트랙터 앞, 트랙터와 베일러의 사이 베일러로 부터 10m이내) 이내로 들어오지 못하게 한다. • 압력이 걸려 분출된 기름(고압유)은 피부에 침투할 정도의 힘이 있으므로 배관, 호스 등의 분해 전에는 반드시 회로내 압력을 빼도록 한다. 만일, 기름이 피부에 침투했을 시에는 심한 알레르기를 일으킬 수 있으므로 즉시, 의사 진료를 받는다. • 매우 작은 구멍에서 누유는 거의 눈에 보이지 않을 수가 있다. 손으로 누유를 조사하는 것은 삼가한다. 반드시 보호안경을 쓰고 종이 등을 사용하여 조사한다.
랩피복기	• 기계를 트랙터에 탈부착할 때는 주위나 작업기 사이에 사람이 들어가지 않도록 한다. • 기계의 사용방법 및 안전수칙을 숙지하고 비상시를 대비해 기계를 신속히 멈출 수 있는 방법을 알아둔다. • 작업 전후 및 작업 중 주기적으로 볼트 풀림상태를 점검하고, 각 부위에 누유나 이상이 있는지 확인한다. • 체인 등의 구동부의 안전보호 장치커버를 제거하면 손이나 옷자락이 감겨 부상이나 상해 등을 당할 수 있으니 절대 제거하지 않는다. • 작업 중에는 절대 랩핑암이나 칼날 부위에 손대지 않는다. • 작동 중에는 기계와의 안전거리 3m를 유지한다. • 회전 암의 속도는 생각보다 빠르므로 주의한다. • 기계에 이상이 발생하였을 때에는 반드시 엔진을 정지한 상태에서 점검한다.
그래플 (제1회 기출)	• 작업 중 그래플의 작업범위나 선회반경 내에 사람이 접근하지 못하도록 하는 등 안전을 확인한다. • 그래플 아래에는 서 있지 않는다. • 점검정비할 때에는 그래플을 하강한 상태에서 하며, 어쩔 수 없이 들어올린 상태에서 점검정비할 때에는 하강하지 않도록 받침대 등으로 받쳐준다. • 반드시 탈부착 프레임과 작업기가 완전하게 체결되도록 하고 작업에 임한다. • 작업중량을 초과하여 사용시 베일이 떨어질 우려가 있으므로 반드시 적정 용량으로 사용한다. • 이동시 그래플을 높게 들고 다니면 전복의 원인이 되므로 하강한 상태에서 이동한다. • 베일집게에 붙은 이물질을 제거하고 깨끗이 청소한다.
결속볏짚 절단기	• 작업은 평평하고 견고한 지면 위에서 하고, 안전을 위해 충분한 공간을 두고 작업에 장애가 되는 것은 사전에 제거한다. • 경사가 심한 곳에서는 전복우려가 있으니 작업을 삼간다. • 이동 또는 멈춤시 안전사고의 예방을 위해 작업기를 트랙터에 확실하게 장착한다. • 작동 중인 기계 절단부나 회전부에 손이나 발 등 신체의 일부분을 집어넣거나 접촉하지 않도록 주의한다. 또한 회전부에 옷 등이 말려들어가지 않도록 주의한다. • 절단기에 절대로 사람을 태우면 안 된다. • 모든 정비는 반드시 동력을 정지시킨 상태에서 한다.

사료 배합기	• 사료의 투입 및 혼합 전에 30초 이상 공회전을 시켜 기계의 정상적인 작동 여부를 확인하도록 한다. • 기계를 작동시킬 때에는 반드시 평평한 곳에 위치하여야 하며, 바퀴부분에 고임목 등을 설치하도록 한다. • 배합기 내부에 이물질이 없는지 육안으로 확인한다. • 배합기의 연결 해제는 2인 이상이 실시하며, 서로 상호 동작을 확인하며 한 사람의 지시에 따르도록 한다. 기계 및 주위를 정리 점검한 후 작업 하도록 한다. • 부착형 사료배합기는 동력기에 확실하게 장착되었는지 확인하고, 탈부착할 때에는 안전한 장소에서 한다. • 기기 가동 중에는 투입구나 배출구를 열지 않고, 속으로 손이나 기타 도구를 넣지 않는다. • 불가피한 사유로 인하여 배합기 안으로 들어가고자 할 때에는 반드시 외부 및 내부의 전원공급을 차단하고 정비 중 경고 표지판을 설치하여 외부인이 인식할 수 있도록 한다. • 배합기 안에 있는 오거에는 날카로운 칼이 부착되어 있어 위험하니 안전에 주의하여 작업에 임한다. • 배합기 운전 및 원료투입 작업시 헐렁한 옷의 착용을 금한다. • 버켓이나 토출문 가까이에 절대 손을 대고 있어서는 안된다.
축분고액 분리기	• 고액분리기는 튼튼한 바닥에 수평이 맞도록 설치한다. • 수분 접촉이 되지 않도록 비가림이 되어 있는 곳에 설치한다. • 감전의 위험이 있으므로 반드시 접지를 하여야 한다. • 운전 중 전선의 마모현상이 발생할 수 있으므로 수시로 전원측과 압착모터 측을 점검한다. • 운전 중 이상전류로 인하여 모터의 운전이 정지되면서 소음이 발생하면 즉시 전원을 차단한다. • 운전시 롤러 등 회전 부분에 손이나 다리나 옷이 휘감기거나 접촉되지 않도록 주의한다. • 위험한 장소에 부착되어 있는 보호커버를 벗기고 운전하거나 운전 중에 벗기는 일이 없도록 한다. • 점검·청소·급유 전에 반드시 전원을 차단하고 작업자 아닌 사람이 전원을 넣거나 스위치 조작을 하지 않는다.
톱밥 제조기	• 기계는 평평한 바닥에 수평을 유지하여 설치한다. • 작업 담당자 외에는 일체 기계 및 동력장치 등을 조작하지 않도록 하고 작업 중 타인의 접근을 금지시킨다. • 드럼 커버 개폐시에는 반드시 기계의 전원이 꺼져 있는지 그리고 기계가 정지되어 있는지 확인 후 한다. • 목재투입구와 토출구에 손이 들어가면 매우 위험하므로 주의한다. • 가동 중 회전체나 기타 기체의 커버는 절대 열거나 열린 상태에서 작업을 하지 않는다.

제4장   농약 안전관리

01 다음은 농약관리법상의 농약의 정의이다. 다목의 그 밖에 농림축산식품부령으로 정하는 약제 3가지를 쓰시오

> 가. 농작물[수목, 농산물과 임산물을 포함한다.]을 해치는 균(菌)곤충, 응애, 선충(線蟲), 바이러스, 잡초, 그 밖에 농림축산식품부령으로 정하는 동식물(이하 "병 해충"이라 함)을 방제(防除)하는 데에 사용하는 살균제·살충제·제초제
> 나. 농작물의 생리기능(生理機能)을 증진하거나 억제하는 데에 사용하는 약제
> 다. 그 밖에 농림축산식품부령으로 정하는 약제

답

정답 ① 기피제, ② 유인제, ③ 전착제
출처 교재 185p, 농약관리법 시행규칙 제2조
보충 동식물의 범위 (시행규칙 제2조 제1항)
   1. 동물 : 달팽이·조류 또는 야생동물
   2. 식물 : 이끼류 또는 잡목

02 농약의 독성에 의한 분류기준 5가지를 쓰시오.

답

정답 ① 맹독성, ② 고독성, ③ 보통독성, ④ 저독성, ⑤ 미독성
출처 교재 186p

보충 분류 기준에 따른 농약의 종류

분류기준	종 류
목 적	① 살충제(해충제거 목적), ② 살균제(바이러스, 곰팡이, 세균 등으로 인한 질병을 제거), ③ 제초제(잡초제거 목적), ④ 식물생장조절제(식물의 생리 기능 증진 또는 억제) ⑤ 살비제, ⑥ 살선충제, ⑦ 살서제,
화학성분	유기염소계, 유기인계, 카바메이트계, 합성피레스로이드계, 페녹시계, 무기농약 등
제 형	고체 - 분제, 입제, 분립제, 수화제, 과립수화제, 수용제, 기타 액체 - 유제, 액제, 액상수화제, 에멀젼, 마이크로 캡슐 기타 - 연무제, 훈연제, 훈증제, 도포제
독 성	Ⅰa : 맹독성, Ⅰb : 고독성, Ⅱ : 보통독성, Ⅲ : 저독성, U : 미독성

03 농약용기 마개색이 분홍색이고 포장지 최하단에 표시된 색띠가 청색일 경우 농약의 용도 및 독성을 쓰시오.

답

정답 용도 : 살균제,
독성 : 저독성

보충 농약 용도구분에 따른 용기마개 색 (교재 186p)

종 류	살균제	살충제	제초제	비선택성 제초제 (식물전멸제초제)	생장조정제	기타
마개색	분홍색	녹색	황색(노랑)	적 색	청 색	백색

농약 독성분류에 따른 색띠(포장지 최하단에 표시)

독성분류	맹독성, 고독성 (상단중앙에 백골 표시)	보통독성	저독성
띠 색	적 색	황색(노랑)	청 색

04 동일 분자 내에 친수기와 소수기를 가지는 화합물, 즉 물 및 유기용매에 어느 정도 가용성으로 계면의 성질을 바꾸는 효과가 큰 물질을 총칭하는 용어는?

답

정답 계면활성제
출처 교재 187p

05 농약을 등록하기 위해 농약관리법에 따라 농촌진흥청에 제출해야 할 시험성적서 3가지를 쓰시오.

답

정답 ① 이화학 분석시험성적서, ② 약효·약해시험성적서,
③ 인축·생태독성시험성적서, ④ 작물·토양잔류 시험성적서
출처 교재 188p

06 농약제재의 보조재 3개를 쓰시오.
답

정답 ① 계면활성제, ② 용제, ③ 고체희석제, ④ 고착제, ⑤ 안정제, ⑥ 분사제, ⑦ 공력제

출처 농약제재의 보조재 (교재 187 ~ 188p)

구 분	내 용
계면활성제	• 동일 분자 내에 친수기(물에 쉽게 용해되는 성질)와 소수기(유성물질에 쉽게 용해되는 성질)를 가지는 화합물, 즉 물 및 유기용매에 어느 정도 가용성으로 계면의 성질을 바꾸는 효과가 큰 물질을 총칭한다. • 농약제재에는 유화제, 분산제, 전착제, 가용화제, 습윤침투제 등으로 해서 사용되어 제재의 물리화학적 성질을 좌우하는 역할을 갖고 있다. • 분류하면 음이온성, 양이온성, 양성, 비이온성의 4종으로 되지만 양이온성, 양성의 것은 농약 제재에 많이 사용되지 않는다.
용 제	• 유효성분이나 다른 보조제를 잘 녹여 유효성분을 분해하지 않고 작물에 약해(藥害)를 일으키지 않는 용매류이다. • 탄화수소류, 할로게화탄화수소류, 알코올류, 케톤류, 에테르류, 에스테르류, 아미드류 등이 있다. • 주로 유제(乳劑), 유제(油劑), 에어졸로 사용된다
고체희석제 (담체, 기제)	• 분제, 입제 등의 고형제의 조제에 이용되는 무기광물성분을 의미한다. • 유효성분을 적당한 농도로 희석하여 살포하기 쉽게 하기 위한 것이다. • 규조토, 탈크, 진흙, 산성백토, 석회분말, 카올린, 벤토나이트 등이 있다.
기타 보조제	• 고착제, 안정제, 분사제, 공력제 등이 있다.

07 농약의 안전사용기준 3가지를 쓰시오.
답

정답 ① 농약의 적용대상 농작물과 적용 대상 병해충을 확인 한 후 사용하고 사용방법 및 사용량을 준수하여 사용해야 한다.
② 농약의 사용 시기, 재배기간 중의 사용가능 횟수를 준수해야 한다.
③ 사용대상자 외에는 농약을 함부로 사용하지 않는다.
④ 사용지역이 제한되는 농약의 경우 사용제한지역에서 사용하지 않는다.
⑤ 안전사용기준과 다르게 농약 사용 및 판매 할 경우 농약관리법 제 40조에 의거 과태료 등의 처벌을 받을 수 있다.
출처 교재 191p

08 다음은 농약 허용물질 목록 관리제도(Positive List System, PLS)에 대한 내용이다. 보기의 ( )안에 알맞은 용어를 쓰시오.

> - PLS란「국내 사용등록 또는 (①)(MRL)에 설정된 농약 이외의 농약 사용을 금지하는 제도」를 의미한다.
> - PLS가 시행되면 (①)이 설정되지 않은 농약은 일률기준인 (②)ppm이하만 적합하게 된다.

답

정답 ① 잔류허용기준, ② 0.01
출처 교재 191~192p

09 다음 보기의 ( )안에 알맞은 용어를 쓰시오.

> 제초제로 많이 사용되던 (①)계열의 고독성 농약은 인축독성이 매우 강하고 농약중독 사고가 많이 발생하여 2012년에 시판 및 보관이 금지되었다.
> 이를 대체하기 위해서 글리포세이트(glyphosate) 및 (②)원제 농약이 선호되고 그 사용량이 증가하고 있다.

답

정답 ① 파라쿼트, ② 글루포시네이트
출처 교재 194p

10 농약 보관 및 관리방법이다. ( )안에 알맞은 용어를 쓰시오.

> - 농약은 전용 보관함에 (①)를 설치하여 관리
> - 농약은 의약품, 식료품 또는 사료의 보관장소와 구분하여 보관해야함
> - (②) 농약은 확인 가능하도록 보관
> - 농약은 온도에 의해 쉽게 변성되기 때문에 직사광선을 피하고 통풍이 잘 되는 곳에 보관
> - 사용하고 남은 약제는 뚜껑을 꼭 닫으며 사용량과 (③)등을 확인하여 보관

답

정답 ① 잠금장치, ② 고독성, ③ 병의 개수
출처 교재 195p
참고 2019년 제2회 필기1차 기출문제

제3편 농작업 위험요인 및 직업성 질환 관리

제1장 농작업환경의 건강 위험요인 평가 개요

01 농작업환경에서 위험요인중 화학적 요인 3가지를 쓰시오.

답

정답 ① 농약, ② 무기분진, ③ 일산화탄소, ④ 황화수소
출처 교재 200p

보충 농작업환경에서의 위험요인
- 화학적 요인 ; 농약, 무기분진, 일산화탄소, 황화수소 등
- 물리적 요인 ; 소음, 진동, 온열 등
- 생물학적 요인 : 유기분진, 미생물, 곰팡이 등
- 인간공학적 요인 : 작업자세, 중량물 부담 등
- 정신적 요인 : 스트레스 등

참조 2019년 제2회 필기1차 기출문제

02 위험도가 10, 노출량이 2 dose 일 때 유해성을 구하시오.

답

정답 5
출처 교재 200p

보충 위험도(Risk) = 유해성(Hazard) × 노출량(Dose) = 10= 유해성(Hazard) × 2(Dose)
노출량 (Dose) = 노출 시간(T) × 노출 수준(C)

03 유해성에 대하여 서술하시오

답

정답 화학물질의 독성 등 사람의 건강이나 환경에 좋지 않은 영향을 미치는 위험요인 고유의 성질(예를 들어 암을 일으키는 성질, 난청을 일으키는 특성, 천식을 유발하는 성질 등)
출처 교재 200p

04 신호등 평가법에 따라 위험도를 5등급으로 평가한 경우 중간등급(2등급)의 관리수준은?

답

> 정답 지속적인 관찰이 필요하고, 보호구 착용 및 주의에 대한 교육이 필요함
> 출처 교재 202p

보충 위험도평가 결과에 따른 조치 등급 및 위험요인 관리 방향

위험도	조치 등급	노출수준	관리 방향
노출없음	0	위험요인 접촉이나 노출 없음	특별한 조치 필요 없음
낮 음	1	낮은 농도나 강도에서 가끔 접촉, 노출	특별한 조치 필요 없음
중 간	2	낮은 농도나 강도에서 자주 노출 또는 높은 농도나 강도에서 가끔 노출	지속적인 관찰이 필요하고, 보호구 착용 및 주의에 대한 교육이 필요함
높 음	3	높은 농도나 강도에서 자주 노출	가능한 한 가까운 시일 내에 조치가 필요함
매우높음	4	매우 높은 농도나 강도에서 자주 노출	즉시 어떤 조치가 필요함

05 유해성 평가방식에서 LD 50이 의미하는 것을 기술하시오.

답

> 정답 독성물질을 투여하였을 때 전체 대상의 50%가 죽는 독성물질의 농도를 말한다.
> 출처 교재 203p
> 보충 LD : Lethal Dose (치사량)

06 위험요인의 노출수준 측정방식 3가지를 기술하시오.

답

> 정답
> 1. 공기 흡입 펌프를 이용하여 화학적 위험요인이나 생물학적 위험요인들로 오염된 공기를 여재(필터, 활성탄 등)로 통과시켜 여재에 채취된 위험요인의 양(mg 등)을 알아내는 방법
> 2. 여재에 의한 채취과정 없이 현장에서 기계, 색적장비 등을 활용하여 실시간(real time)으로 측정하는 방법
> 3. 동영상 촬영 및 체크리스트 평가 방법

출처 노출수준 측정 방식 (교재 206p ~ 207p)

방식	내용
공기 흡입 펌프를 이용	• 화학적 위험요인이나 생물학적 위험요인들로 오염된 공기를 여재(필터, 활성탄 등)로 통과시켜 여재에 채취된 위험요인의 양(mg 등)을 알아내는 방법
여재에 의한 채취과정 없이 현장에서 기계, 색적장비 등을 활용하여 실시간(real time)으로 측정하는 방법	• 직독식 측정방법이 대표적이다 (예 리트머스 시험법) • 작업자나 환경에서 시간에 따라 위험요인의 농도가 변하는 상황을 확인하여 바로 대응할 수 있다. • 작업자 노출평가(개인시료) 보다는 환경노출평가(지역시료)에 많이 사용된다.
동영상 촬영 및 체크리스트 평가 방식	• 인간공학적 위험요인 등과 같이 작업 방식 자체가 위험요인인 경우 적용되는 방법

07 농작업 현장에서의 화학적 유해요인 노출수준 평가시 고려해야 할 사항 3가지를 쓰시오.

답

정답 ① 공기중 온습도, 토양습도 ② 작업속도
③ 풍속, 환기량 ④ 작업자 수
⑤ 작업자의 이동 동선, 방향 ⑥ 농자재의 유형 및 사용 방식
출처 교재 209~ 210p
참조 2019년 제2회 필기 1차 기출문제

08 미국 산업위생전문가협의회의 작업장 노출기준의 종류 중 시간가중평균 노출기준(TWA-TLV)에 대하여 기술하시오.

답

정답 시간가중평균 노출기준 (TWA-TLV)이란 1일 8시간 주 40시간 일하는 동안 초과해서는 안되는 평균농도를 말한다.
출처 교재 212p

보충 미국 산업위생전문가협의회의 작업장 노출기준의 종류

노출기준 종류	노출시간
시간가중평균 노출기준 (TWA-TLV)	1일 8시간 주 40시간 일하는 동안 초과해서는 안되는 평균농도
단시간 노출기준 (STEL-TLV)	15분 동안, 1일 4회 이상 초과해서는 안되는 농도
천정값 노출기준 (Ceiling-TLV)	일하는 시간 동안 어느 순간에도 초과해서는 안되는 농도
상한치 (excursion limits-TLV)	짧은 시간에 어느 정도의 높은 농도에 노출이 가능한지에 대한기준 • 시간가중평균 노출기준의 3배 이상의 농도에서 30분 이상 동안 노출되어서는 안 된다. • 시간가중평균 노출기준의 5배 이상은 어느 경우라도 노출되어서는 안 된다.

참고 2018년 제1회 필기 1차 기출문제

09 어떤 물질에 대한 작업환경을 측정한 결과 다음과 같은 TWA 결과값을 얻었다. 환산된 TWA는 얼마인가?

농도(ppm)	100	150
발생시간(분)	120	240

답

정답 TWA환산값 : 100

출처 교재 212p

보충 "시간가중평균노출기준(TWA)"이란 1일 8시간 작업을 기준으로 하여 유해인자의 측정치에 발생시간을 곱하여 8시간으로 나눈 값을 말하며, 다음 식에 따라 산출한다.(화학물질 및 물리적인자의 노출기준 제2조)

$$TWA환산값 = \frac{C_1 \times T_1 + C_2 \times T_2 + \cdots + C_n \times T_n}{8} = \frac{100 \times 2 + 150 \times 4}{8} = 100$$

주) C : 유해인자의 측정치(단위 : ppm, mg/m³ 또는 개/cm³)
    T : 유해인자의 발생시간(단위 : 시간)

제2장   화학적 위험요인

01 농약의 피부노출을 평가하는 방법 3가지를 쓰시오.

답

정답 ① 패치법, ② 형광물질 조사법, ③ 전신노출조사법, ④ 와쉬(Wash)법

출처 교재 221p

보충 농약의 피부노출 조사 방법

구 분	방 법
패치법	• 농약을 흡수할 수 있는 소재의 패치를 농약을 사용할 작업자 몸의 각 부위에 부착한 후 패치에 묻은 농약의 양을 분석하여 해당 부위에 묻었을 것으로 예상되는 농약의 양을 예측하는 방법
형광물질 조사법	• 농약에 눈에 보이지 않는 형광물질을 첨가하여 농약을 사용한 작업자의 몸이나 옷에 묻은 형광물질의 양을 측정하는 방법
전신노출 조사법	• 농약을 흡수할 수 있는 소재의 옷과 모자, 장갑을 작업자의 몸에 착용시키고 농약을 사용한 후 옷, 모자, 장갑에 묻은 농약을 분석하는 방법
와쉬 (Wash)법	• 농약이 묻은 손 등을 농약이 녹을 수 있는 용매에 씻어서 용액에 녹은 농약을 분석하는 방법

참고 2018년 제1회 필기 1차 기출문제

02 다음 보기의 표를 참고로 허벅지 부위의 농약노출량 (μg)을 구하시오.

패치에 흡수된 농약의 양 (μg)	패치의 전체 표면적(cm^2)	패치 표면중 공기 중에 개방된 표면의 면적(cm^2)	허벅지 부위의 체표면적(cm^2)
100	100	50	2,000

답

정답 4,000

허벅지 부위의 농약노출량 (μg) = 패치에 흡수된 농약의 양(μg) / 패치의 표면적(cm^2-패치표면중 공기 중에 개방된 표면의 면적) × 허벅지 부위의 체표면적(cm^2) = (100/50) × 2,000 = 4,000μg

출처 교재 224p

03 다음 보기의 ( )안에 알맞은 용어를 쓰시오.

> 패치가 부착이 안 되는 손과 발에 대한 농약 노출을 평가하는 경우에는 농약을 사용하는 작업자가 면 (100%)으로 이루어진 장갑과 양말을 착용하여 농약을 포집한 후 포집된 농약을 패치와 마찬가지로 에틸 아세테이트(Eathyl Acetate)로 추출해 낸 후 (   )의 NPD 등으로 분석을 하게 된다.

답

정답 가스 크로마토그래피
출처 교재 225p

04 농약 노출 개선을 위해 농업인이 고려해야 할 원칙과 방안 3가지를 쓰시오.

답

정답
① 피부노출을 최소화 한다.
② 속옷에도 신경을 쓴다.
③ 대상작물에 따라 보호 부위를 적극적으로 가린다.
④ 마스크로 입과 코를 완전하게 감싸준다.
⑤ 보호안경을 착용한다.
⑥ 농약 희석작업 중에는 세심한 주의를 한다.
⑦ 뜨거운 한낮에는 농약살포를 하지 않는다.
⑧ 수건은 구분해서 사용한다.
⑨ 손과 얼굴을 잘 씻도록 한다.
출처 교재 230~231p

05 산소농도 18%미만에서 작업할 때 필요한 호흡용 보호구 2가지를 쓰시오.

답

정답 ① 공기호흡기(SCUB), ② 송기마스크
출처 교재 237P
보충 산소농도 18%미만에서 작업할 때 공기정화식 호흡용 보호구는 전혀 도움이 되지 못한다.

06 산소농도 10%일 때 일반적으로 나타나는 증세를 3가지 쓰시오.

정답 ① 안면창백, ② 의식불명, ③ 구토

출처 교재 233p

보충 밀폐공간에서 산소 농도에 따른 건강영향

구 분	영 향
산소농도 18%	안전한 수준이나 연속 환기가 필요
산소농도 16%	호흡, 맥박의 증가, 두통, 메스꺼움, 토할 것 같음
산소농도 12%	어지럼증, 토할 것 같음, 체중지지 불능으로 추락
산소농도 10%	안면창백, 의식불명, 구토
산소농도 8%	실신, 혼절, 7~8분 이내에 사망
산소농도 6%	순간에 혼절, 호흡정지, 경련, 6분 이상이면 사망

07 축산, 분뇨처리사에 발생하는 유해가스 3가지를 쓰시오.

정답 ① 황화수소, ② 암모니아, ③ 메탄가스

출처 교재 233p

보충 가스로 인한 건강영향이 발생 가능한 작목(작업, 작업장)과 유해가스

작 목	작업 및 작업장	유해가스
축 산	축사, 분뇨처리사	황화수소, 암모니아, 메탄가스 등
밭작물	퇴비 작업, 시설하우스	황화수소, 암모니아 등
수도작	소각 작업, 퇴비작업,	일산화탄소, 황화수소, 암모니아 등
공 통	농기계 작업 (특히 비닐하우스)	디젤연소가스, 일산화탄소 등

08 다음 보기의 ( )안에 알맞은 용어를 순서대로 쓰시오.

> - 암모니아는 (①)(황산 처리, 0.8㎛ MCE prefilter)가 연결된 펌프를 이용하여 시료를 포집 및 전처리한 후 전도도 검출기를 갖춘 (②)로 분석한다.
> - 황화수소는 (③)을 펌프에 연결하여 작업장에서 개인노출 또는 지역노출을 평가하기 위한 시료를 포집하여, 전처리 한 후 (④)로 분석한다

답

정답 ① 실리카겔 튜브, ② 이온 크로마토그래프 (IC)
③ 활성탄 관 ④ 이온 크로마토그래프 (IC)

참고 유해가스 별 노출수준 조사 (교재 236p)

유해가스	조사방법
황화수소	• 활성탄 관을 펌프에 연결하여 작업장에서 개인노출 또는 지역노출을 평가하기 위한 시료를 포집하여, 전처리 한 후 IC로 분석한다 • 퇴비사나 분뇨처리사 같이 밀폐된 곳에서 황화수소를 측정할 경우에는 반드시 직독식 기기를 같이 사용한다.
암모니아	• 실리카겔 튜브가 연결된 펌프를 이용하여 시료를 포집 및 전처리한 후 전도도 검출기를 갖춘 이온 크로마토그래프로 분석한다.
메탄, 이산화탄소 일산화탄소	• 폭발(메탄), 질식 및 중독 (일산화탄소)의 위험이 있기 때문에 반드시 직독식기기를 활용한다.
산소농도조사	• 산소가 부족한 생강굴, 농산물 저장고에서 질식사 위험이 있으므로 직독식 측정기를 활용한다.

제3장 물리적 위험요인

01 다음 보기의 조건에서 옥외에서(태양광선이 내리쬐는 장소) 측정시 습구흑구온도(°C)는 얼마인가?

> • 습구온도 : 18°C   • 건구온도 : 24°C   • 흑구온도 : 12°C

답

정답 17.4°C

출처 WBGT계산 (교재 240p)

- 옥외에서(태양광선이 내리쬐는 장소) 측정시 : 습구흑구온도(°C) = 0.7×습구온도 + 0.2×흑구온도 + 0.1×건구온도 = 0.7 × 18°C + 0.2 × 12°C + 0.1 × 24°C = 17.4°C
- 옥내 또는 옥외(태양광선이 내리쬐지 않는 장소)에서 측정시 : 습구흑구온도(°C) = 0.7×습구온도 + 0.3×흑구온도 = 0.7×18°C + 0.3 × 12°C = 16.2°C

02 다음 보기의 조건에 따른 근무시간 중 총 휴식시간을 구하시오.

> • 시간당 약 150kcal의 열량이 소모되는 경작업 조건
> • WBGT 측정치가 30.6°C
> • 근무시간 : 3시간

답

정답 45분 (매시간 75% 작업, 25% 휴식이므로 1시간 당 15분 휴식 취함)

출처 작업강도 및 휴식비율에 따른 온열기준 (단위 : WBGT 30.6°C ,교재 239 ~ 240p)

작업/휴식 시간 비율 \ 작업 강도	경작업	중등작업	중작업
계속작업	30.0	26.7	25.0
매시간 75% 작업, 25% 휴식	30.6	28.0	25.9
매시간 50% 작업, 50% 휴식	31.4	29.4	27.9
매시간 25% 작업, 75% 휴식	32.2	31.1	30.0

경작업 : 200kcal 까지의 열량이 소요 되는 작업을 말하며, 앉아서 또는 서서 기계의 조정을 하기 위하여 손 또는 팔을 가볍게 쓰는 일 등을 뜻함

중등작업 : 시간당 200~350kcal의 열량이 소요 되는 작업을 말하며, 물체를 들거나 밀면서 걸어다니는 일 등을 말함

중작업 : 시간당 350~500kcal의 열량이 소요되는 작업을 말하며, 곡괭이질 또는 삽질하는 일 등을 뜻함

03
습구흑구온도를 측정한 결과 다음과 같은 결과값을 얻었다. 시간가중평균 습구흑구온도는 얼마인가?

각 습구흑구온도지수의 측정치(℃)	30	24
발생시간(분)	120	60

답

정답 28℃

풀이 시간가중평균 습구흑구온도 (교재 241P)

$$\text{시간가중평균 습구흑구온도} = \frac{WBGT_1 \times T_1 + WBGT_2 \times T_2 + \cdots + C_n \times T_n}{T_1 + \cdots + T_n}$$

$$= \frac{30 \times 120 + 24 \times 60}{120 + 60} = 28$$

주) C : 유해인자의 측정치(단위 : ppm, mg/m³ 또는 개/cm³)
　　T : 유해인자의 발생시간 (단위 : 시간)

04
더위로 인한 열사병 등을 예방하기 위한 방법 3가지를 기술하시오.

답

정답
1. 챙이 넓은 모자, 선글라스, 수건, 긴팔 의복을 입는다.
2. 햇빛 가리개, 천막 등으로 햇빛을 가리고, 선풍기·환기 시스템을 이용한다.
3. 작업시 물을 많이 마신다.
4. 작업 중 음주는 탈수현상을 가중시키므로 음주를 삼간다.
5. 그늘이나 통풍이 잘되는 곳에서 자주 짧은 휴식을 취한다.

출처 교재 242p

05
추위로 인한 동상 등을 예방하기 위한 방법 3가지를 기술하시오.

답

정답 1. 두꺼운 옷 한 겹보다는 얇은 옷을 여러 겹 겹쳐 입는다.
2. 손, 발, 머리, 얼굴을 보호하며, 반드시 모자를 쓴다
3. 양말을 겹쳐 신었을 때 양말이나 신발이 너무 죄지 않도록 주의한다 (혈액순환이 억제되어 동상의 원인이 됨).
4. 공복상태를 피하며, 단백질과 지방질을 충분히 섭취하고 따뜻한 물과 음식을 섭취한다.
5. 고혈압, 류머티즘, 신경통이 있는 사람은 한랭작업에 맞지 않으므로 피하도록 한다.
출처 교재 242p

06 다음 (   )안에 알맞은 용어를 쓰시오.

> - 고용노동부에서 설정하고 있는 연속소음에 대한 허용기준에 의하면 (①)dB부터 소음수준이 (②) dB 증가함에 따라 허용 노출시간 (Permissible Duration Time)은 (③)% 감소하게 된다.
> - 또한 허용 가능한 최대 연속소음은 (④)dBA으로 이 한도를 초과하는 연속소음에 노출될 수 없다.

답

정답 ① 90 , ② 5, ③ 50, ④ 115
출처 교재 243p

07 3개 공정의 소음수준 측정 결과 1공정은 100dB에서 1시간, 2공정은 95dB에서 1시간, 3공정은 90dB에서 1시간이 소요될 때 총 소음량(TND)과 소음설계의 적합성을 판단하시오. (단, 90dB에 8시간 노출할 때를 허용기준으로 하며, 5dB 증가할 때 허용시간은 1/2로 감소되는 법칙을 적용한다.)

답

정답 소음량(ND) = 공정시간/노출허용시간
총 소음량(TND) = (1/8) + (1/4) + (1/2) = 0.875
총소음량이 1을 넘지 않으므로 소음설계는 적합하다.
출처 교재 243p

08 다음 보기의 (   )안에 들어가는 알맞은 용어를 쓰시오.

> - 개인 노출 측정의 경우 소형 (①   )과 측정된 데이터를 저장할 수 있는 로거로 구성된 (②   )를 사용한다
> - 개인 노출 측정의 경우 측정된 노출량은 (③   )소음수준으로 데이터 저장기(로거)에 기록된다.
> - 지역노출을 측정하는 경우에는 마이크로폰과 주파수 분석이 가능한 (④)를 사용한다
> - 단위 작업장소에서 소음의 강도가 불규칙적으로 변동하는 소음 등을 누적소음 폭로량 측정기로 측정하여 폭로량으로 산출하였을 경우에는 (⑤   ) 소음수준으로 환산하여야 한다.

답

정답 ① 마이크로폰, ② 도시미터, ③ 시간가중평균, ④ 소음계 ⑤ 시간가중평균
출처 교재 244~245p

09 소음에 의해 고음역(4,000Hz)에서 청력손실이 현저하게 나타나는 현상을 무엇이라고 하는가?

답

정답 c5-dip현상

10 다음 보기의 (   )안에 알맞은 숫자를 쓰시오

> 소음수준은 1일 작업시간동안 연속 측정하거나 작업시간을 1시간간격으로 나누어 (①   )회 이상 소음수준을 측정하고 이를 평균하여 (②   )시간 작업시의 평균 소음수준으로 한다.

답

정답 ① 6 ② 8
출처 교재 246p

11 소음의 노출관리방안 3가지를 쓰시오.

> **정답** ① 흡음을 통하여 소음을 차단한다.
> ② 소음원을 격리하고 밀폐한다.
> ③ 소음에 대한 노출시간을 단축한다.
> ④ 귀마개, 귀덮개등 개인보호구를 착용한다.
> **출처** 교재 247p

12 전신진동작업과 관련이 있는 농작업 기계 3가지를 쓰시오.

> **정답** ① 트랙터, ② 경운기,
> ③ 스피드스프레이어기(SS기) ④ 콤바인
> **출처** 교재 248p
> **보충** • 국소진동 : 예초기, 전기톱, 관리기

13 다음 (   )안에 알맞은 용어를 쓰시오.

> 진동측정 장치는 (①) 로 측정하는 (②)와 (③)가 있다.
> (④)는 진동의 물리적 양을 측정하는 것이며, 진동이 인체에 미치는 영향을 생각할 때는 인체의 진동 감각을 고려한 물리량을 측정하는 (⑤)를 사용한다

> **정답** ① 절대단위, ② 진동계, ③ 진동수준계,
> ④ 진동계, ⑤ 진동수준계
> **출처** 교재 248p

14 국소진동(수완진동)에 의한 진동장해를 최소화할 수 있는 방법 3가지를 쓰시오.

답

정답 ① 손잡이를 고무로 감는다
② 방진 장갑을 착용한다.
③ 방진장치 설치 등 공학적 제어를 한다.
④ 진동을 줄이고 주위 노출을 피하기 위한 보호구와 보호복을 지급한다.
⑤ 노출시간을 최소화하기 위한 작업방법을 변경한다.
⑥ 수지 진동증후군(레이노 증후군)조기 증상자 선별을 위한 의학적 관리를 한다.
출처 교재 250p
보충 전신진동을 방지하기 위한 방법
최대한 농기계 정비를 주기적으로 수행하고, 딱딱한 의자에 앉지 않고 쿠션이 좋은 방석을 사용하도록 한다.

15 연간 분진 노출시간 조사 시 필요한 요소 3가지를 쓰시오.

답

정답 ① 연간 작업회수 ② 1회당 작업시간
③ 작업시 사용 도구/농기계
④ 분진 마스크 사용여부
⑤ 작목명, ⑥ 작업명
출처 교재 252p

참고 2019년 제2회 제1차 필기시험 기출문제

작목명	작업명	연간작업회수	1회작업시간	작업시 사용 도구/농기계	분진 마스크 사용여부
		연 회	시간		
		연 회	시간		
		연 회	시간		

16 시설작물 재배시의 주요 분진 노출작업 3가지를 쓰시오.

정답 ① 경운정지작업, ② 정식작업, ③ 화훼선별작업

출처 작목별 주요 분진 노출 작업 (교재 252p)

수도작	밭작물	과 수	시설작물	특수작목
수확후관리작업	정식작업, 수확작업	비료살포작업	경운정지작업, 정식작업, 화훼선별작업	버섯배지 제조작업등

17 다음 주어진 보기에 따른 공기 중 분진 농도를 구하시오.

- 측정후 필터의 무게 값(3회 반복 칭량의 평균) : 50mg
- 측정전 필터의 무게 평균값(3회 반복 칭량의 평균): 20mg
- 측정후 공시료 무게 값 : 15mg
- 측정전 공시료 무게 값 ; 5mg
- 펌프 작동시간(min) : 40분
- 단위시간당 흡입 유량 ; 10L/분

정답 공기 중 분진 농도 = (필터에 걸러진 분진의 무게) / (필터를 통과한 총 공기량)
= 20mg/400L = 0.05mg/L

- 필터에 걸러진 분진의 무게 (mg) = 측정후 필터의 무게 값(3회 반복 칭량의 평균) − 측정전 필터의 무게 평균값(3회 반복 칭량의 평균) − (측정후 공시료 무게 값 − 측정전 공시료 무게 값)
= 50mg − 20mg − (15mg − 5mg)
= 20mg
- 필터를 통과한 총 공기량 = 펌프 작동시간(분)×단위시간당 흡입 유량(L/분)
= 40분 × 10L/분 = 400L

출처 교재 253p

18 분진노출을 저감하는 방식 2가지를 쓰시오.

답

정답 ① 환기,
② 개인보호구(산업용 마스크 2급이상)사용
출처 교재 257~258p

제4장 생물학적 위험요인

01 다음 ( )안에 알맞은 용어를 쓰시오

> 전처리된 내독소 시료는 내독소 분석 키트(LAL, Limulus ambocyte lysate)를 이용하여 측정할 수 있으며 내독소 분석기(LAL reader)를 활용하여 전처리된 용액의 450nm에서 ( )를 읽어 농도(EU/㎥)를 계산한다.

답

정답 흡광도
출처 교재 261p

02 미생물, 곰팡이를 포집하는 방법 2가지를 쓰시오.

답

정답 ① 필터를 이용하는 방법,
② 충돌기를 이용하는 방법

출처 포집방법 (교재 261p)

구 분	원 리
필터를 이용하는 방법	필터에 채취된 박테리아와 곰팡이는 멸균된 추출액으로 추출하며, 카세트 앞뒤 플러그를 빼고 추출액 일정 양을 주입한 후 일정시간 동안 흔들고 적정양의 추출액을 배지에 접종하여 배양한다.
충돌기를 이용하는 방법	배지(agar)를 충돌기(impactor)에 곧바로 장착하고 28.3 L/분의 유량으로 공기 중의 박테리아와 곰팡이를 배지에 충돌시켜 채취하는 방법이다.

참조 2019년 제2회 필기 1차 기출문제

제5장 농작업 근골격계질환 관리

01 근골격계질환의 특징 3가지를 쓰시오.

답

정답 ① 특정된 하나의 신체 부위에 발생할 수도 있고 동시에 여러 부위에서 다발적으로 발생할 수 있다.
② 하나의 조직뿐만 아니라 다른 주변 조직의 변화를 동시에 가져온다.
③ 질환의 임상 양상 및 검사 소견 등이 사고성과 비사고성으로 명확하게 구분되지 않는다.
④ 방사선학적인 검사 소견 등의 객관적인 검사 결과와 임상 증상이 일치하지 않는 경우가 많다.
⑤ 직업적인 원인 외에도 개인 요인과 일상생활 등의 비직업적인 원인(연령 증가, 일상생활, 취미 활동 등)에 의해서도 발생할 수 있다.
⑥ 증상의 정도가 가볍고 주기적인 것부터 심각하고 만성적인 것까지 다양하게 나타난다.
출처 교재 263p   **참고** 2018년 제1회 필기 1차 기출문제

02 근골격계질환의 발전 1단계(질환초기단계) 특징 3가지를 쓰시오.

답

정답 ① 작업 시간 중에 통증이나 피로감을 호소한다. 그러나 밤새 휴식을 취하게 되면 회복된다.
② 평상시에 작업 능력의 저하가 발생하지는 않는다.
③ 이러한 상황은 몇 주 또는 몇 달 지속될 수 있으며, 다시 회복될 수 있다.
보충 근골격계질환의 발전 단계 (교재 264p)

단계	증상
1단계 (질환의 초기단계)	• 작업 시간 중에 통증이나 피로감을 호소한다. 그러나 밤새 휴식을 취하게 되면 회복된다. • 평상시에 작업 능력의 저하가 발생하지는 않는다. • 이러한 상황은 몇 주 또는 몇 달 지속될 수 있으며, 다시 회복될 수 있다.
2단계 (질환의 의심단계)	• 작업 시간 초기부터 발생하여 하룻밤이 지나도 통증이 계속된다. • 통증 때문에 수면이 방해받으며, 반복된 작업을 수행하는 능력이 저하된다. • 이러한 상황이 몇 달 동안 계속된다.
3단계 (즉각적인 치료가 필요한 단계)	• 휴식을 취할 때에도 계속 통증을 느끼게 되고, 반복되는 움직임이 아닌 경우에도 통증이 발생하게 된다. • 잠을 잘 수 없을 정도로 고통이 계속되며 낮에도 작업을 수행할 수 없게 되고, 일상 중 다른 일에도 어려움을 겪게 된다.

03 근골격계질환을 유발하는 요인 중 작업과 관련된 물리적 요인 3가지를 쓰시오.

> 정답 ① 특정 신체 부위를 반복적으로 사용하는 작업(반복성)
> ② 불편하고 부자연스러운 작업 자세,
> ③ 강한 노동 강도,
> ④ 과도한 힘,
> ⑤ 날카로운 면과의 접촉으로 인한 신체 압박,
> ⑥ 추운 작업 환경,
> ⑦ 진동
> 출처 교재 265p

04 근골격계 질환의 발생에 기여하는 요인에 대한 기본적인 분류형태 3가지와 해당하는 요인을 2가지씩 쓰시오.

> 정답 ① 작업관련 요인 : 작업 자세, 힘, 반복성 등의 물리적 스트레스
> ② 사회심리적인 요인 : 스트레스, 작업조직, 작업조건
> ③ 인적요인 ; 연령, 성별, 가사 노동 및 취미 생활 등
>
> 출처 교재 265p
> 보충 사회심리적 요인은 '생리적 부조화'를 초래하여 근골격계 질환을 유발한다.

05 국제 인간공학회 기술 위원회 (International Ergonomics Association Technical Committee: IEA TC)에서 정의한 상지에 대한 반복 작업의 위험 요인 6가지를 쓰시오.

> 정답 ① 조직 체계 ② 반복 정도 ③ 힘의 정도 ④ 자세 및 동작의 형태 ⑤ 휴식 시간과 그 주기
> ⑥ 기타 : 진동 공구의 사용, 극도의 정밀을 요하는 작업, 해부학적으로 국소의 물리적 접촉을 요하는 자세, 낮은 온도, 맞지 않는 장갑의 사용 등
> 출처 교재 266p

06 미국 산업안전보건연구원(National Institute for Occupational Safety and Health: NIOSH)에서 정의한 허리의 위험요인 3가지를 쓰시오.

답

정답 ① 들기/이동, ② 불편한 자세,
③ 힘겨운 작업, ④ 전신진동,
⑤ 정적인 자세
출처 교재 267p

보충 신체부위와 위험요인

신체부위		위험요인
목 /어깨		반복, 힘, 자세, 진동
팔꿈치		반복, 힘, 자세, 위험요인 복합
손/손목	수근관증후군	반복, 힘, 자세, 진동, 위험요인 복합
	건초염	반복, 힘, 자세, 위험요인 복합
	진동증후군	진동
허 리		① 들기/이동, ② 불편한 자세, ③ 힘겨운 작업, ④ 전신진동, ⑤ 정적인 자세

07 다음 보기의 내용이 설명하는 질환은?

- 반복적인 움직임, 구부리는 자세, 날카로운 면에 압박되거나 진동에 의하여 섬유질이 손상되어 염증이 생기게 되는 질환이다.
- 염증이 생긴 부위 주변이 붓고 누르면 통증이 있으며, 운동 범위가 제약을 받는다.
- 염증이 생긴 부위에 칼슘이 침착되어 영구적으로 손상이 생기기도 한다.

답

정답 건염
출처 교재 267p

보충 근골격계질환 종류

질환	증상
건염	문제 참조
건초염	• 인대가 움직일 때 윤활작용을 하는 활액막이 염증으로 인한 자극으로 인하여 통증을 유발시킨다. • 물건을 쥐거나 잡을 때, 손목을 돌릴 때, 주먹을 쥘 때에 통증을 느끼며, 때로는 엄지손가락을 구부릴 때 걸리는 듯한 느낌을 받곤 한다.
수근관 증후군	• 손목의 신경과 혈관, 인대가 지나가는 손목터널(굴)이 과도한 사용으로 인하여 건초가 팽창하고, 그 결과로 손목뼈 터널의 공간을 작게 만들어 손의 손목뼈 부분의 중심 신경(median nerve)을 지속적으로 압박한다. • 손이 저리고 아침에 손이 굳거나 경련을 일으킨다.
진동성 수지백지증	• 진동 공구를 사용하는 작업에서 많이 발생한다. • 손가락 끝이 창백해지고 손, 팔, 어깨 등이 저리고 감각이 무뎌지며, 근육 경련이 일어나거나 악력이 저하되는 현상이 생긴다.
요통	• 해부학적, 조직학적 변화 없이 기능적으로 생기는 요통으로서, 오랫동안 나쁜 자세를 한 후에 생기는 경우가 대부분이다. • 장기간의 반복적인 나쁜 자세는 요추 전만을 감소시키고 요추 주위의 연부 조직을 과도하게 신장시키거나 척추 관절에 스트레스를 가하여 통증을 유발하는 것이다.
염좌	• 인대 또는 근육을 삐어서 해당 부분이 늘어나거나 부분적으로 찢어지는 경우를 말한다. • 대부분 무거운 물건을 갑자기 들어 올리거나 밀거나, 또는 좋지 않은 자세에서 갑자기 허리에 힘을 주거나 허리를 비틀었을 때 발생한다. • 치료가 제대로 되지 않았거나 나쁜 자세를 계속 취하는 경우, 중량물을 계속 드는 경우에 장기간으로 경과되어 만성 염좌로 진행된다.
근막통 증후군	• 근육 속에 딱딱하게 굳은 작은 덩어리 같은 것이 생겨서 심한 통증을 유발하는 경우이다. • 이 덩어리를 유발 통점(trigger point)이라고 하는데, 유발 통점은 지속적이고 강박적인 근육 수축에 의하여 근섬유의 단축과 경결이 생긴 것을 말한다.
추간판 탈출증 (디스크)	• 무거운 물건을 들어 올리거나 허리를 갑자기 비틀어 압력이 지나치게 높아질 경우는 디스크가 그 압력을 이기지 못하여 겉 부분이 해지면서 속이 빠져나오는 것처럼 변형되어 신경을 자극하는 현상이다.

08 농작업에서 팔꿈치/전완 부위가 문제될 수 있는 농작업 2가지를 쓰시오.

답

정답 ① 예초기 및 낫을 이용한 제초작업,
② 사과, 배 등 과수 수확작업

출처 교재 273p

보충 주요 문제가 될 수 있는 부위와 작업

부위	문제가 될 수 있는 작업	부적절한 작업자세 사례
손목	• 전지가위를 이용한 각종 가지치기나 수확작업 • 선별 포장 작업	• 손목을 손바닥 방향으로 숙이는(20도 이상) 동작을 반복하거나 지속하는 작업 • 손목을 손등 방향으로 젖히는 (30도 이상) 동작을 반복하거나 지속하는 작업 • 손목이 옆으로 틀어지는 동작을 반복하거나 지속하는 작업 • 조그마한 물건을 집는 과정에서 손가락 집기 동작이 반복되거나 지속되는 작업 • 공구를 감싸는 등 쥐는 힘이 지속되는 작업
팔꿈치/전완	• 예초기 및 낫을 이용한 제초작업, • 사과, 배 등 과수 수확작업	• 나사를 조이는 작업과 같이 아래팔을 반복적으로 비틀거나 비튼 상태를 지속하는 작업 • 손바닥 혹은 손등이 위를 향한 상태에서 작업을 지속하는 작업 • 망치 작업과 같이 팔꿈치를 굽혔다 펴는 동작을 반복하는 작업 • 팔꿈치를 쭉 편 상태에서 작업을 지속하는 작업 • 아래팔을 가슴 쪽으로 당긴 상태에서 작업을 지속하는 작업
어깨/상완	• 과수작목에서 팔을 머리위로 들어 올리는 위보기 작업 • 팔을 하우스 저상작목에서 팔을 쭉 뻗어 하는 작업	• 상완(위팔)을 45°이상 정면 혹은 측면으로 반복적으로 들거나 혹은 들린 상태를 지속하는 작업 • 팔을 몸 뒤쪽으로 반복적으로 뻗거나 뻗은 상태를 지속하는 작업 • 작업대가 높아 어깨가 들리는 자세를 지속하는 작업 • 정밀작업 혹은 관찰 작업과 같이 어깨를 움츠리는 자세를 지속하는 작업
목	• 과수작목에서 목을 뒤로 젖히는 (신전)작업 • 저상작목에서 작업 위치가 낮아 목을 숙이는(굴곡)작업	• 목을 20도 이상 숙이는 자세를 반복하거나 지속하는 작업 • 목을 20도 이상 측면으로 숙이거나 비트는 자세를 반복하거나 지속하는 작업 • 목을 5도 이상 뒤로 젖히는 자세를 반복하거나 지속하는 작업 • 지나치게 목을 뻣뻣하게 유지해야 하는 작업

부위		
허리	• 중량물을 반복적으로 들어올리는 작업 • 작업 위치가 낮아 허리를 지속적으로 숙여야 하는 노지 및 하우스 작목	• 허리를 20도 이상 숙이는 자세를 반복하거나 지속하는 작업 • 허리를 20도 이상 측면으로 숙이거나 비트는 자세를 반복하거나 지속하는 작업 • 허리를 10도 이상 뒤로 젖히는 자세를 반복하거나 지속하는 작업 • 지나치게 허리를 뻣뻣하게 유지해야 하는 작업
다리	• 키가 작은 저상작목을 재배하는 대부분의 노지작목과 하우스 작목	• 계단 혹은 사다리를 반복적으로 오르내리는 작업 • 발목을 이용하여 페달을 반복적으로 밟는 작업 • 쪼그리는 작업 자세를 반복하거나 지속하는 작업 • 무릎을 꿇는 자세를 반복하거나 지속하는 작업 • 한쪽 발에 몸의 체중이 지속적으로 쏠리는 작업 • 딱딱한 바닥에서 장시간 동안 서 있는 상태를 지속하는 작업
요추부	• 중량물 작업인 수확 작업	

09 목 부위의 근골격계질환을 유발하는 물리적 요인 3가지를 쓰시오.

답

정답 ① 작업 자세(특히 전방굴곡, 비틀림),
② 반복성(또는 지속성),
③ 어깨를 이용한 중량물 이동작업

출처 부적절한 작업자세 사례(교재 272p ~ 277p)

부 위	부적절한 작업자세
손 목	• 손목을 과도하게 손바닥 방향으로 숙이는 자세(굴곡) • 손등 쪽으로 젖히는 자세(신전) • 손목이 엄지손가락 또는 새끼손가락 방향으로 편향된 자세
팔꿈치/ 전완	• 팔꿈치를 쭉 펴는 동작 • 팔을 가슴 쪽으로 당기면서 팔꿈치를 완전히 굽히는 동작 • 손바닥이 바닥을 향한 상태 • 손바닥이 위쪽을 향한 상태에서 아래팔을 유지하는 동작
목	문제참조
허 리	• 허리를 구부리거나 비트는 동작 (요통과 관련)
다 리	• 무릎 꿇기와 쪼그려 앉는 자세
요추부 (중량물작업)	• 들기, 내리기, 운반, 밀기, 당기기 작업

10 다음은 반복성에 대한 고위험기준이다. (   )안에 알맞은 숫자를 쓰시오.

- 손가락 : 분당 (   )회 이상
- 손목/전완 : 분당 (   )회 이상
- 상완/팔꿈치 : 분당 (   )회 이상
- 어깨 : 분당 (   )회 이상

답

정답 200, 10, 10, 2.5
출처 교재 279p

11 다음 (   )안에 알맞은 용어를 쓰시오.

- 농작업에서 국소진동(수완진동)이 문제되는 가장 대표적인 공구는 (   )이다.
- 오랜 기간 동안 국소진동에 노출되면 (   )과 같은 장애가 올 수 있다.
- 주요 증상은 손과 손가락의 혈관이 수축하며 혈행(血行)이 감소하여 손이나 손가락이 창백해지고 바늘로 찌르듯이 저리며 통증이 심하다

답

정답 예초기, 수지백색증
출처 교재 280p

12 전신진동에 의한 신체 부작용 3가지를 쓰시오.

답

정답 ① 요통
② 소화기관, 생식기관의 장애
③ 신경계통의 변화
출처 교재 280P

13 농작업에서 주로 사용할 수 있는 근골격계 부담작업 평가 체크리스트를 선택할 때 반드시 고려되어야 할 사항 3가지를 쓰시오.

답

> **정답** ① 평가 도구는 평가하고자 하는 신체 부위를 고려하여 선택할 것
> ② 평가 도구는 작업 특성을 고려하여 선택할 것
> ③ 평가 도구는 평가자의 훈련 정도를 고려하여 선택할 것
> **출처** 교재 282p **참조** 2019년 제2회 필기 1차 기출문제

14 다양한 작업 자세의 신체전반에 대한 부담정도를 분석하는데 적합한 평가기법은?

답

> **정답** REBA
> **해설** 간호사 등과 같이 예측하기 힘든 자세에서 이루어지는 서비스업에서 전체적인 신체에 대한 부담 정도와 위해인자에의 노출 정도를 분석하기 위한 목적으로 개발되었다.
> **출처** 농작업에 주로 사용할 수 있는 체크리스트 (2019.11.9. 2회 시험기출)

평가방법	적합한 평가 부위	평가에 적합한 작업
OWAS	허리 → 어깨(팔) → 다리	쪼그리거나 허리를 많이 숙이거나, 팔을 머리 위로 들어 올리는 작업
REBA	손, 아래팔, 목, 어깨, 허리, 다리 부위 등 전신	허리, 어깨, 다리, 팔, 손목 등의 부적절한 자세와 반복성, 중량물 작업 등이 복합적으로 문제되는 작업
JSI	손목, 손가락 부위	수확물 선별 포장, 혹은 반복적인 전지가위 사용 등 손목, 손가락 등을 반복적으로 사용하거나 힘을 필요로 하는 작업
NLE	허리 부위	중량물을 반복적으로 드는 작업

15 OWAS 평가의 2단계를 쓰시오.

답

> **정답** 1단계 : 신체 부위별 작업 자세 코드를 체크하는 단계
> 2단계 : 1단계에서 평가된 허리, 팔, 다리, 중량물 코드를 조합하여 최종 관리 단계를 평가하는 단계
> **출처** 교재 284p

16 OWAS 체크리스트의 작업자세 코드에서 허리 자세코드 4가지를 설명하시오

> **정답**
> 1코드 : 곧바로 편 자세(서있음)
> 2코드 : 상체를 앞으로 굽힌 자세
> 3코드 : 바로 서서 허리를 옆으로 비튼 자세
> 4코드 : 상체를 앞으로 굽힌 채 옆으로 비튼 자세
>
> **출처** OWAS 체크리스트의 작업자세 코드 (교재 284p)

코드	허리	팔	다리	하중/힘
1	정답 참조	양손을 어깨 아래로 내린 자세	의자에 앉은 자세	10kg 이하
2		한손만 어깨 위로 올린 자세	두 다리를 펴고 선 자세	10 ~ 20kg
3		양손 모두 어깨 위로 올린 자세	한 다리로 선 자세	20kg 이상
4			두 다리를 구부린 자세	
5			한다리로 서서 구부린 자세	
6			무릎 꿇는 자세	
7			걷 기	

17 다음 보기 작업의 OWAS의 최종관리코드 번호는 몇 번인가?

> 〈밭에서 쪼그리고 호미로 김매기를 하고 있는 농부〉
> • 상체 허리를 앞으로 굽히고 옆으로 비트는 자세
> • 양팔을 모두 어깨 위로 올린 자세
> • 두 다리를 구부린 자세
> • 중량물은 없음

> **정답** 4341
>
> **출처** 교재 284p
> • 상체 허리를 앞으로 굽히고 옆으로 비트는 자세 : 4
> • 양팔을 모두 어깨 위로 올린 자세 : 3
> • 두 다리를 구부린 자세 : 4
> • 중량물은 없음 : 1

18 OWAS 평가단계 4수준이 나왔을 경우의 평가내용을 기술하시오.

답

정답 ① 근골격계에 심각한 해를 끼침
② 즉각적인 작업 자세의 교정이 필요한 작업

출처 교재 286p

보충 OWAS 체크리스트 조치수준 판정표

조치수준 점수	평가 내용
수준 1	• 근골격계에 특별한 해를 끼치지 않음 • 작업자에게 아무런 조치가 필요하지 않은 작업
수준 2	• 근골격계에 약간의 해를 끼침 • 가까운 시일 내에 작업자세의 교정이 필요한 작업
수준 3	• 골격계에 직접적인 해를 끼침 • 가능한 한 빨리 작업자세를 교정해야 하는 작업
수준 4	• 근골격계에 심각한 해를 끼침 • 즉각적인 작업 자세의 교정이 필요한 작업

19 다음 보기의 내용을 보고 중장기적 개선방향 3가지를 기술하시오.

• 주된 문제점 : 하우스 내에서 쪼그리거나 허리를 숙이는 등의 불편한 작업자세
• 주요 신체 부위 : 허리, 무릎, 목
• 주요 작목 : 모든 저상 작목과 모든 작목의 초기 생육단계
• 주요 대상 작업 : 순지르기, 수정, 수확작업

답

정답 ① 고랑 폭의 표준화
② 고랑의 이동성 확보
③ 이동 가능한 보조의자 개발

출처 교재 289p

보충 인간공학요인의 평가 결과 주요 문제점 요약

주된 문제점	주요 신체 부위	주요 작목	주요 대상 작업	중장기적 개선방향
하우스내에서 쪼그리거나 허리를 숙이는 등의 불편한 작업자세	허리, 무릎, 목	모든 저상 작목과 모든 작목의 초기 생육단계	• 순지르기, • 수정, • 수확작업	• 고랑 폭의 표준화 • 고랑의 이동성 확보 • 이동 가능한 보조의자 개발
과수 등 고상작목에서의 위보기 작업	어깨, 허리, 목, 무릎	과수	• 열매솎기, • 봉지씌우기, • 수확작업	• 수직 및 수평 이동이 가능한 사다리 혹은 작업대개발 • 작업발판의 안정성 확보
수확물 및 농약통등의 중량물 작업	허리	모든 작목	• 수확작업, • 병해충방제 (등짐형)	• 동력형 수확물 운반도구 • 보조의자와 동시 사용이 가능하도록 함 • 병해충방제방법개선
전신진동/국소진동	허리/손목, 손가락	모든 작목	• 트랙터 • 예초기 운전	• 의자개선 • 손잡이 개선(damper 설치)
부적절한 수공구 사용	손목	과수	• 열매솎기, • 수확작업	• 적절한 손잡이 및 쥐는 힘이 고려된 수공구 보급

20 과수 및 기타 고상 작목에서의 위보기 작업 개선을 위해, 새롭게 사다리를 개발할 때 고려해야 할 조건 3가지를 쓰시오.

답

정답 ① 발판의 폭이 조정되어야 한다.
② 현재의 사다리는 수직 이동만 가능한 데 보조적으로 수평 이동을 겸할 수 있어야 한다.
③ 사다리는 이동성과 안정성이 생명이므로 가볍고 넘어지지 않도록 안정적이어야 한다.
④ 장기적으로 테이블리프트(table lift)와 같이 자유롭게 높낮이 조절과 이동이 가능한 동력형 도구가 개발되어야 한다.
출처 교재 293p

21 살충제에서 급성중독을 일으키는 주요 계통물질 3가지를 쓰시오.

답

정답 ① 유기인계, ② 카바메이트계, ③ 황산니코틴
출처 297p
보충 피부를 통한 급성중독을 일으키는 농약 : 유기인계, 황산계, 유기염소계 농약

22 WHO 기준에 따라 급성 농약 중독 중증도 분류를 할 경우, 중등도의 증상 3가지를 쓰시오.

답

정답 ① 구토, ② 설사, ③ 호흡곤란, ④ 시야가 흐려짐, ⑤ 손발이 저림, ⑥ 말이 어눌해 짐, ⑦ 가슴이 답답함

보충 급성 농약 중독 중증도 분류, WHO 기준 (교재 298p)

중증도	농약에 노출된 이후 48시간 이내 경험한 증상
경도	• 메스꺼움, 목이 따가움, 콧물이 남, 두통, 어지러움, 불안감(안절부절못함), 과도한 땀 분비, 근육에 힘이 빠짐, 피부가 가렵거나 따가움, 눈이 가렵거나 따가움, 충혈됨, 눈물이 많아짐, 피로감
중등도	• 구토, 설사, 호흡곤란, 시야가 흐려짐, 손발이 저림, 말이 어눌해 짐, 가슴이 답답함
중증도	• 전신이 마비됨, 의식을 잃음

23 미국 NIOSH의 농약 중독 분류 기준이 되는 3개의 범주를 쓰시오.

답

정답 ① 농약노출, ② 건강영향, ③ 인과관계

출처 교재 298p

보충 요인들을 농약 노출, 건강 영향, 인과관계 세 개의 범주로 기준을 나누고 세항목이 모두 1점인 경우 '확실한 환례', 농약 노출만 2점인 경우이거나 건강영향만 2점인 경우 '환례로 추정'으로 분류한다.

범주	점수 1	2	3	4
농약노출	실험적, 임상적, 환경적 증거에 의해서 확증된 경우	문서 또는 진술에만 의존한 증거	농약 노출이 아닌 것에 대한 확실한 근거	불충분한 정보
건강영향	의료 전문가의 보고에 의한 2개 이상의 징후나 실험적 결과	2개 이상의 주관적 증상 또는 의사에 의해 진단된 새로운 질병 및 기존 질병의 악화	농약 노출 후에 관찰된 징후, 증상, 실험적 결과 없음	불충분한 정보
인과관계	농약 노출과 건강영향 간에 시간적 선후관계가 있거나 기존 지식과 일치함	농약 노출과 건강영향의 연관성에 대한 근거가 없음	원인 물질이 농약이 아닌 것에 대한 확실한 근거	농약 노출과 건강영향 간에 원인적 연관성을 결정하는 데 필요한 독성학적 정보가 불충분함

24 농약 만성중독시 발생할 수 있는 호흡기 질환 3가지를 쓰시오.

답

정답 ① 천식, ② 만성 기관지염, ③ 폐기능 감소, ④ 천명, ⑤ 비염 등

출처 만성중독 주요 증상 (교재 299p)
- 악성종양
- 호흡기 질환(천식, 만성 기관지염, 폐기능 감소, 천명, 비염 등),
- 신경계 질환(우울증, 치매, 파킨슨병 및 말초신경염 등),
- 안과적 질환(망막변성 등)
- 기타 : 당뇨병, 손상, 면역독성

25 농업인과 농약 제조 사업장 근로자와 구별되는 농약노출형태 3가지를 쓰시오.

답

정답 ① 농작업 시 농약 노출은 노출 형태가 매우 다양하여 농약뿐 아니라 다양한 유해 환경 요인(비료, 분진, 바이러스, 소음, 진동 등)에 동시에 노출되는 경우가 많다.
② 농작업 형태에 따라 개별 농업인 간에 노출이 상당히 다르게 나타난다.
③ 농업인의 농약 노출 작업은 연간 일정하게 계속되는 것이 아니라 며칠 또는 몇 달에 걸쳐 집중적으로 이루어진다.
④ 농업인과 그 가족은 농촌 지역에 거주하는 경우가 많으므로 직업적노출 외에도 환경적 노출이 발생할 가능성이 크다.

출처 교재 301p

보충 농작업과 농약 사업장에서 농약 노출의 비교

구 분	농작업 농약 노출	농약 사업장 농약 노출
노출 일수	평균적으로 연간 3-12일로 다양함	연간 지속
노출 형태	간헐적 고노출 (농약살포시 등)	장기간 일정한 노출 (매일)
동시 노출	다양한 위험요인들에 동시 노출됨	상대적으로 일정한 위험요인에 노출됨
개인별 차이	노출 차이 큼	상대적으로 적음
노출 농도	수백 배 이상 희석하여 사용	고농도 원제 사용
환경적 노출	작업 및 거주 환경에 따라 추가 노출	추가 노출 거의 없음

26 대표적인 아세틸콜린 분해효소(Acetylcholine esterase, AChE) 억제제인 살충제 2가지를 쓰시오.

답

정답 ① 유기인계 살충제, ② 카바메이트계 살충제
출처 교재 303p

27 다음 보기의 내용과 관련이 있는 살충제농약의 성분을 쓰시오.

> 뉴런 세포막에 바로 작용하여 신경독성을 나타내며, 활동전위의 흥분기 동안에 Na+ 이온의 막 투과를 지속시켜, 감각신경과 약의 인체 노출 주요 경로 운동신경을 반복적으로 흥분시킨다. 독성 작용은 대부분 신경독성으로 과민 반응, 전율, 운동 장애, 경련 그리고 마비 등을 일으킨다.

답

정답 피레스로이드계
출처 교재 303~304p

보충 살충제 계통별 작용기구

구 분		내 용
유기인계	아세틸콜린 분해효소 억제제	• 신경 말단에서 신경화학 전달물질인 아세틸콜린을 분해하는 아세틸콜린 분해효소와 결합하여 이 효소를 비가역적으로 저해하여 아세틸콜린의 분해를 방해함으로써 아세틸콜린의 축적을 일으킨다. • 그 결과, 부교감신경의 활성화에 의한 증상이 주로 나타나게 되는데, 중추신경계 증상으로는 불안, 정서 불안, 진전,두통, 어지럼, 섬망, 환각,경련, 혼수 등이 있으며 호흡중추를 마비시켜 호흡성 심정지를 유발할 수 있다. • 이외 증상으로는 침 분비 과다, 발한, 요실금, 설사, 복통,구역과 서맥을 유발하며 기관지 경축이나 과도한 기관분비물에 의한 호흡 부전을 유발할 수 있다
카바메이트계		• 유기인계 살충제와 같은 작용 기전을 갖고 있으나 아세틸콜린 분해효소를 가역적으로 억제하기 때문에 유기인계보다 독성이 낮다고 알려져 있다.
피레스로이드계	문제 참조	

참고 2019년 제2회 제1차 필기시험 기출문제

28 다음 보기의 (   )안에 알맞은 용어를 쓰시오.

> • 신체 부위 중 손은 농약 노출에 가장 취약한 부분 중 하나이다. 일반 면장갑은 방수가 되지 않으므로 방수 기능이 있는 고무 재질의 장갑 중에서도 '(   )'을 사용하는 것이 중요하다.
> • 충격 방지와 농약이 눈으로 튀는 것을 방지하기 위한 '(   )'이 있다.
> • 밑창 미끄러움 방지와 방수가 되는 목이 높은 '고무 재질의 장화' 등이 있다.

답

정답 내화학용 장갑, 고글(보안경)
출처 교재 304p

29 농약이 입에 들어가거나 들이마셨을 때 응급처치 요령 3가지를 쓰시오.

답

정답 1. 즉시 물로 양치를 하여 입안을 헹궈낸다
2. 우선 들이마신 농약을 토해내도록 한다
3. 옷을 헐겁게 하고 심호흡을 시킨다
4. 즉시 병원으로 이송하여 치료를 받도록 한다
출처 농약 중독시 응급처치 (교재 308P)

구 분	내 용
농약이 피부에 묻었을 때	• 비누로 씻어낸다 • 옷에 묻었을 때는 즉시 옷을 벗고 갈아입는다 • 피부에 물집 또는 수포가 잡히거나 붉어 오르는 경우 즉시 병원을 방문하여 치료를 받는다
농약이 눈에 들어갔을 때	• 깨끗한 물로 닦아낸다 • 손으로 눈을 비비지 않고 거즈를 가볍게 눈에 댄 후 전문의를 찾아간다
농약이 입에 들어가거나 들이마셨을 때	• 문제 참조

제6장 농작업 관련 주요 질환 관리

01 농업인에서 흔히 볼 수 있는 감염병 3가지를 쓰시오.

답

> 정답 ① 쯔쯔가무시증, ② 렙토스피라증,
> ③ 신증후군출혈열, ④ 중증열성혈소판감소증,
> ⑤ 브루셀라증 등
> 출처 교재 309p

02 다음 보기의 (   )안에 알맞은 용어를 쓰시오.

> - (①)는 병원체가 숙주에 침입 후 표적 장기까지 이동한 뒤, 증식하여 일정 수준의 병리적 변화를 거쳐 증상 또는 증후가 발생하는데 걸리는 기간이다.
> - 감염이 되었더라도 숙주의 면역체계(예방접종을 맞았거나, 이전에 감염이 된 경험)에 의해 더 이상 증식을 할 수 없어 감염이 안되는 경우도 있지만 감염이 되었더라도 증상이 전혀 나타나지 않는 경우를 (②)이라 한다.
> - 숙주에 증상을 유발하지는 않으나, 병원체가 지속적으로 혈액, 조직 혹은 분비물에 나타나는 경우를 (③)이라 한다.
> - 잠재감염의 경우 (④)와 숙주가 평형을 이루는 상태이다.

답

> 정답 ① 잠복기, ② 불현성감염, ③ 잠재감염, ④ 병원체
> 출처 교재 310p

03 감염병전파의 6단계를 쓰시오.

답

> 정답 ① 병원체, - ② 병원소, - ③ 탈출 - ④ 전파 - ⑤ 침입 - ⑥ 숙주
> 출처 교재 310p

04 감염병 예방 및 관리에 관한 법률에 따른 인수공통감염병 3개를 쓰시오.

> 답

> 정답 ① 장출혈성대장균감염증, ② 일본뇌염, ③ 브루셀라증,
> ④ 탄저, ⑤ 공수병, ⑤ 동물(조류)인플루엔자 인체감염증,
> ⑥ 중증급성호흡기증후군(SARS), ⑦ 변종크로이츠펠트-야콥병,
> ⑧ 큐열, ⑨ 결핵
> 출처 교재 312p
> 참조 2019년 제2회 필기 1차 기출문제

05 다음 보기의 (   )안에 알맞은 용어를 쓰시오.

> (①)은 (②)의 하나로 소에서 사람으로 전파되는 것이 우리나라에서는 일반적이지만, (③)는 돼지, 염소, 양, 낙타, 들소, 순록, 사슴, 해양동물 등 다양하다.
> 사람 간 전파는 드물지만 성 접촉, (④)(분만, 출산, 수유 등), 수혈, 장기이식, 비경구적(주로 정맥 내 주사) 경로 등으로 감염될 수 있다.

> 답

> 정답 ① 브루셀라증, ② 인수공통감염병,
> ③ 병원소 ④ 수직감염
> 출처 교재 314p

06 병원소에 대하여 서술하시오.

> 답

> 정답 자연 상태에서 병원체가 살아가는 생물이나 환경을 말한다
> 출처 311p

07 다음 중 진드기 매개 감염병 2가지를 쓰시오

> 답

> 정답 ① 쯔쯔가무시증, ② 중증열성혈소판감소증
> 출처 311p

08 다음 보기의 (   )안에 알맞은 용어를 쓰시오.

- 병원소와 숙주간 병원체의 이동에 중간매개체 없이 바로 전파되는 것을 (①)라 하고, 중간에 공기, 물, 음식과 같은 매개체를 거친 후 전파되는 경우 (②)라고 한다
- 공기매개 또는 비말에 의한 감염병은 (③)로 침입을 하게 되고, 식품매개, 물매개감염병은 (④)로 침입을 하게 된다

답

정답 ① 직접 전파, ② 간접전파, ③ 호흡기, ④ 소화기(입)
출처 교재 311p

09 다음 보기의 (   )안에 알맞은 용어를 쓰시오.

(①)은 가을철 (②)질환의 하나로 수확기에 들쥐가 배설한 소변에 접촉되어 발생하기 쉽다. 인플루엔자와 유사한 전구 증상으로 시작하여 흉통, 기침, 호흡곤란 등의 증상을 유발하는 감염병이다.
가벼운 감기 증상부터 중증의 황달, 신부전, 출혈 등을 보이는 전형적인 (③)병을 보인다.

답

정답 ① 렙토스피라증, ② 발열성, ③ 웨일씨
출처 교재 318p
보충 주요 감염성 질환 정리

구 분	브루셀라증	쯔쯔가무시증	렙토스피라증	신증후군 출혈열	중증열성혈소판 감소증후군
병원소	돼지, 염소, 양, 낙타, 들소, 순록, 사슴, 해양동물 등	털진드기 유충(chigger)	다람쥐, 들쥐, 너구리 등 설치류 와 소, 돼지, 개 등	설치류 (등줄쥐, 집쥐)	참진드기
고위험 군	수의사, 축산인, 실험실 근무자 등	군인, 농업종사자 (논밭작업), 임업인,	농부, 광부, 오수 처리자, 낚시꾼, 군인, 동물과 접촉 이 많은 직종이나	설치류와 접촉이 많은 농부, 삼림 업자등 농촌 인구, 야외활동을 즐겨	농민, 임업인 및 야외 활동자

		야외작업자, 고령층 여성 등	직업, 활동성 등으로 노출위험이 높은 성인남자, 홍수후 벼세우기나 벼베기작업에 동원된 사람	하는 인구, 실험실 또는 병원 종사자	
전파 경로	감염된 동물 혹은 동물의 혈액, 대소변, 태반, 분비물 등과 접촉, 흡입 시 혹은 오염된 유제품 섭취, 드물게 육류 섭취시		감염된 동물의 소변에 오염된 물, 토양, 음식물, 감염된 동물의 소변, 체액등과 상처 난 피부 또는 점막과 접촉할 경우 감염	설치류들이 타액, 소변, 분변을 통해 분비한 한탄바이러스가 공중에 떠다니다가 호흡기를 통해 사람에게 감염	진드기가 흡혈과정에서 중증열성혈소판감소증후군 바이러스가 사람에게 침입하여 발생
사람간 전파	성 접촉, 수직 감염(분만,출산, 수유등), 수혈, 장기 이식, 비경구적(주로 정맥내 주사)경로 등으로 감염	전파 불가능			체액이나 혈액을 통한 사람과 사람 간 전파도 가능
잠복기	5일 ~ 5개월 (1 ~ 2개월)	6 ~ 21일 (10~12일)	5 ~ 14일 (2 ~ 30일)	수 일~개월 (평균 2-4주)	평균 6~14일
발생 시기		10~12월			4~11월 (9~10월에 집중)
증상	열, 오한, 발한, 두통, 근육통, 관절통 등	갑작스러운 발열, 오한, 두통, 피부 발진, 림프절 종대, 가피형성	대부분 경증의 비황달형 이며, 5-10%는 중증의 황달,신부전, 출혈 등의 웨일씨병	발열, 두통, 안구통,요통, 안면홍조 점상출혈 등 나타난 후 혈압이 떨어지고, 요독증에 의한 출혈성 경향을 보이거나 요량이 감소	고열, 소화기증상 (구토,설사 등), 백혈구감소증, 혈소판감소증이며, 혈소판감소가 심할 경우 출혈 경향
기 타	불현성 감염이 발생할 수 있고, 적절히 치료하지 않는다면 몇 개월 내지 수년에 걸쳐 만성적인 경과를 보일 수 있다.	치료하지 않은 노인 인구의 경우 치명률이 높다.		발열기, 저혈압기, 핍뇨기, 이뇨기, 회복기 등 5가지 병기로 구분	치명률은 국내에서 초기에는 40%를 넘었으나, 최근에는 20% 내외 임

10 감염성 질환의 수직감염 유형 3가지를 쓰시오.

답

> 정답 ① 분만, ② 출산, ③ 수유
> 출처 교재 314p

11 가을철 3대 열성질환을 쓰시오.

답

> 정답 ① 쯔쯔가무시증,
> ② 렙토스피라증, ③ 신증후군출혈열
> 출처 교재 316p

12 신증후군출혈열의 병기 5단계를 쓰시오.

답

> 정답 발열기 – 저혈압기 – 핍뇨기 – 이뇨기 – 회복기
> 출처 교재 319p

보충 신증후군출혈열
병원소는 설치류(등줄쥐, 집쥐)이며, 한탄바이러스는 등줄쥐가 주로 매개한다. 요독증에 의한 출혈성 경향을 보이거나 요량이 감소한다.

13 다음 보기의 내용이 설명하는 감염병은?

> 최근 새롭게 보고된 진드기매개 감염병으로, 병원소는 아직 근거가 부족하지만, 중국에서 양, 소, 돼지, 개, 닭 등에 대한 혈청 검사에서 SFTSV가 분리되어 병원소일 가능성이 제기되었다. 주요 매개체는 작은소피 참진드기이다. 체액이나 혈액을 통한 사람과 사람 간 전파가 가능하다.

답

> 정답 중증열성혈소판감소증후군
> 출처 교재 320p

14 작은소피 참진드기에 물렸을 경우의 주요 증상 4가지를 쓰시오

답

정답 ① 고열,
② 소화기 증상(구토, 설사 등),
③ 백혈구감소증,
④ 혈소판감소증
출처 교재 321p

15 감염병의 예방과 관리방법 3가지를 쓰시오.

답

정답 ① 병원소 관리,
② 전파 과정의 차단,
③ 숙주 관리
출처 교재 321P

16 감염병의 예방과 관리의 3단계 중 숙주관리단계의 가장 대표적인 방법을 쓰시오

답

정답 예방접종
출처 교재 322p

보충 감염병의 예방과 관리의 3단계

구 분	내 용
병원소 관리	• 병원체를 배출하고 있는 사람, 동물, 물과 같은 환경을 관리하는 것 • 브루셀라증과 같은 소에서 기원하는 감염병(인수공통감염병)의 경우 소를 도축함으로서 병원소를 효율적으로 관리할 수 있다. • 사람의 경우 병원체를 배출하는 환자를 신속하게 발견하여 치료를 하는 것이다.
전파과정의 차단	• 감염된 사람을 격리시키고, 환경위생, 식품위생, 개인위생 등의 위생관리 방법 • 음압격리병상에서 격리, 환자 주위의 물건들을 소독, 동물들의 배설물을 잘 관리, 손씻기 등
숙주의 관리	• 가장 대표적인 것이 예방접종이며, 감염병 예방에 가장 효과적인 방법

17 다음 보기의 내용이 설명하는 질병을 쓰시오.

- 감염된 동물의 오줌에 오염된 젖은 풀이나, 흙, 물 등에 점막이나 상처 난 피부가 접촉될 때 전파되기 때문에 가을철 농촌에서 홍수로 쓰러진 벼를 일으켜 묶는 작업이나 벼베기를 할 때 많이 발생한다.
- 주거환경에서 구서 작업을 철저히 한다.

답

정답 렙토스피라증
출처 교재 322p

18 다음 보기의 내용이 설명하는 질병을 쓰시오.

- 호흡기로 전파되는 특성이 있는 감염병이다.
- 백신이 개발되어 있어 고위험군에서 접종을 하여야 한다. 더불어 발생지역에서는 등줄쥐 등 매개체의 배설물 접촉을 피하고, 집과 일터 주위의 설치류를 방제하여야 한다.
- 야외 작업 시 들이나 풀밭에 눕거나 옷을 벗어 놓지 말아야 하며, 야외 활동 후 귀가 시 옷을 세탁하고 목욕한다.

답

정답 신증후군출혈열
출처 교재 322p

19 입자상 물질의 종류 3가지를 쓰시오.

답

정답 ① 분진, ② 미스트, ③ 바이오에어로졸
출처 교재 325p

20 다음 보기의 ( )안에 알맞은 용어를 쓰시오.

- (①)은 공기 중에 부유하고 있는 고체나 액체의 미립자로 보통 0.001-100㎛의 크기로 존재한다.
- (②)은 고체물질이 각종 공정(분쇄, 마찰, 연삭, 운송, 굴착 등)에 의해 붕괴되어 공기 중으로 발생된 미립자의 고체입자를 말한다.
- (③)는 공기 중에 부유하고 있는 액체 미립자 → 액체물질이 각종 공정(교반, 뿌림, 끓임 등)을 거쳐 공기 중으로 비산된 형태를 말한다.
- (④)은 생물학적 특징이 있는 고체나 액체가 공기 중에 입자상태로 존재하는 유기분진을 말하며, 박테리아, 곰팡이, 바이러스, 진드기, 내독소, 마이코톡신, 털, 피부, 꽃가루 등을 이야기한다.

답

정답 ① 입자상 물질, ② 분진, ③ 미스트 ④ 바이오에어로졸
출처 교재 325p

21 다음 보기의 ( )안에 들어갈 알맞은 용어를 답지에 쓰시오.

- 보통 평균입경 100 ㎛ 이하에 해당하는 분진은 (①)의 어느 부위에 침착하더라도 독성을 나타내는 물질이고, 평균입경이 4-5 ㎛인 분진은 (②)에 침착하여 독성을 나타낸다.
- (③)에서 15 ㎛ 이상의 분진은 인두의 점막으로 이동하거나 삼켜지면서 자극을 주어 눈물이나 콧물을 유발하여 분진을 제거하게 된다
- (④)의 경우 (⑤)에 섬모와 점액정화계라는 것이 있어 5 ㎛ 정도의 분진을 제거할 수 있지만 잔류하게 될 경우 기침, 기도수축 및 분비기능을 자극하여 만성기관지염 같은 호흡기계 질환을 초래한다.
  잔류하게 되는 분진은 (⑥)의 작용에 의해서 분해하는 작용을 거치게 되고, 기도와 후두를 통해 배출된다.

답

정답 ① 호흡기, ② 폐포, ③ 상기도, ④ 하기도, ⑤ 상피세포, ⑥ 대식세포(탐식세포)
출처 교재325, 326p

22 분진을 일으키는 농작업 3가지를 쓰시오.

답

정답 ① 경운정지작업(로터리작업)
② 콤바인을 이용한 수확작업
③ 각종 볏짚작업
④ 작물 수확 및 선별작업(양파, 파, 고구마, 감자 등)
⑤ 축사 작업 : 건초급여, 청소작업, 분동작업
⑥ 작물 잔재물 처리작업

출처 교재 327p

23 식물성 분진 3가지를 쓰시오.

답

정답 ① 곡물분진, ② 식물입자, ③ 탄닌

출처 교재 327p

보충 분진의 분류

물질에 의한 분류	물질의 성상에 의한 분류
• 동물성(동물 비듬, 동물 털, 분뇨), • 식물성(곡물분진, 식물입자, 탄닌), • 곤충, • 미생물(박테리아[내독소],진균류[진균독소]) • 감염성 인자(리케차, 탄저균, 조류 및 돼지 인플루엔자 바이러스, 한타 바이러스), • 사료 첨가물 • 가스 및 흄(암모니아, 산화질소, 황화수소)	• 유기분진(곡물, 짚, 건초, 진균류, 박테리아, 진드기, 동물성), • 무기분진(규소, 석면), • 자극제(농약, 비료, 페인트), • 가스와 흄 및 감염성 인자

24 분진의 노출과 관련된 호흡기질환을 병변이 발생되는 해부학적 위치와 발생원을 기준으로 3개로 구분하시오.

답

정답 ① 기도질환, ② 간질성폐질환, ③ 호흡기 감염병

보충 호흡기질환의 종류 (교재 327p)

구 분	종 류
기도질환	• 상기도질환, • 천식, • 천식양 증후군, • 만성기도질환 (만성폐쇄성폐질환, 만성기관지염) 등
간질성 폐질환	• 유기물먼지독성증후군, • 외인성알레르기폐포염 혹은 과민성폐렴, • 간질섬유증 등
호흡기 감염병	• 탄저병, • 브루셀라증, • 렙토스피라병 등

25 다음 보기의 내용이 설명하는 질병은?

- 흡입된 항원 입자로 인하여 인체 면역반응에 의해 야기된 간질성폐질환으로 정의내릴 수 있다.
- 18세기 이탈리아 라마찌니가 곡물 취급 중에 발생된 분진에 노출된 취급자들에서 기침과 숨가쁨을 주요 증상으로 하는 폐질환을 최초 보고한 이후 [이를 농부폐라 명명하였고, 최근에는 이 질환의 발생이 건초작업 과정에서 방선균 노출과 체내 면역계가 관련된 질환임을 보고하였다.

답

정답 과민성폐렴
출처 교재 327p

26 다음 보기의 ( )들어갈 공통 용어를 쓰시오.

- 결정형 ( )(석영 포함)은 지구상에 널리 존재하며 지구 전체 땅 무게의 약 12%를 차지한다.
- 농작업자들이 수확할 때나 다음 경작을 준비하는 동안 생물성(biogenic) ( )에 노출되는 것은 상당히 특이한 직업적 노출이다.

답

정답 유리규산
출처 교재 328p

27 무기분진중 호흡기계 질환의 원인이 되는 물질 2개를 쓰시오.

답

정답 ① 석면, ② 디젤연소 물질
출처 교재 328p

보충 무기분진과 질병
- 석면 : 폐암, 악성중피종
- 디젤연소물질 : 천식, 폐암

28 다음 보기의 (   )안에 알맞은 용어를 쓰시오

> - (①)은 뛰어난 인장력, 유연성을 지니고 열, 화학물질, 전기등에 저항성이 강한 자연 섬유상 광물질을 총칭하는 이름으로, 노출 시 호흡기계의 폐포에 침착하게 되어, 폐포에 상처를 주게 되고, 폐는 산소와 이산화탄소의 교환 기능을 수행하지 못하게 됨으로서 숨이 가빠져, 정상적인 활동에 장애를 가질 수밖에 없다.
> - 건강영향 중 대표적인 것이 폐암과 악성중피종이다. 모두 노출 후 20년 가까이 잠복기를 거치면서 서서히 발생하는 특징이 있다. 특히 (②)은 짧은 기간(1주일), 매우 적은 양에 노출되어도 발생이 가능하다.

답

정답 ① 석면, ② 악성중피종
출처 교재 328p

29 디젤연소물질이 발생하는 농작업 3가지를 쓰시오.

답

정답 ① 하우스 등과 같이 밀폐된 공간에서 동력기기를 사용하는 작업
② 로터리 작업, ③ 농약 방제작업
④ 각종 트랙터 작업 등

보충 일산화탄소 발생작업 (교재 328p)
① 로터리 및 농약방제작업
② 하우스내 난방시설 가동작업
③ 볏짚 및 보리대 등 작물 잔해물 소각작업

30 디젤연소물질에서 발생하는 발암물질 3가지를 쓰시오.

답

정답 ① 황산화물, ② 질산화물, ③ 다핵방향족화합물, ④ 벤젠
출처 교재 328p

31 유기분진에 의한 호흡기계질환 3가지를 쓰시오

답

정답 ① 비염, ② 결막염, ③ 천식,
④ 기관지염, ⑤ 농부폐, ⑥ 유기먼지 독성증후군
출처 교재 329p

32 다음 보기의 ( )들어갈 알맞은 용어를 쓰시오.

- 유기분진에 의한 호흡기계 질환은 (①)물질들이 우리 몸의 (②)를 (③)하도록 하여 여러 가지 증상과 질환을 일으키게 된다.

답

정답 ① 알레르기성, ② 면역계, ③ 과잉반응
출처 교재 329p

33 다음 보기의 내용이 설명하는 용어를 쓰시오.

- "한 사람이 만족스러운 적응을 하지 못하고 질병으로 발전될 수 있는 생리적인 긴장을 불러일으킬 수 있는 사건이나 두려움과 같은 육체적, 화학적 또는 정서적 요인"
- "유기체의 항상성을 파괴시키는 내부 및 외부로부터의 위해한 물리적, 정신적, 정서적, 자극들에 대한 생물학적 반응의 총체"

답

정답 스트레스
출처 교재 332p

34 스트레스가 부정적인 영향을 주는가 아니면 그렇지 않은가를 결정하게 되는 2가지의 개념을 쓰시오.

답

정답 ① 예측가능성,
② 통제가능성
출처 교재 333p

보충 스트레스가 부정적인 영향을 주는가 아니면 그렇지 않은가를 결정하게 되는 두 가지의 개념이 있다. 첫째는 예측 가능성 (예 예측된 동통)이고, 둘째는 통제가능성(예 대응능력)이다. 따라서 경험하게 될 스트레스 요인이 예측되어진 것으로서 개인이 나름대로 통제조절 능력을 갖고 있는 경우 그것은 스트레스를 동반하지는 않는다.

35 스트레스를 크게 물리적 스트레스, 심리적 스트레스, 사회적 스트레스로 구분할 때, 물리적 스트레스와 심리학적 스트레스의 근본적인 차이점을 쓰시오.

답

정답 물리적 스트레스는 실제적인 현실 상황인데 반하여 심리적 스트레스는 긴급 상황을 상상하게 될 때 발생하는 스트레스라고 볼 수 있다
출처 교재 333p

36 직무에 본질적으로 내재된 스트레스요인 3가지를 쓰시오.

답

정답 ① 열악한 물리적 작업환경,
② 교대근무,
③ 직무과중,
④ 직무과소,
⑤ 물리적 위험도
출처 교재 334p

37 작업장내에서의 물리적, 화학적 스트레스 요인 3가지를 쓰시오.

답

정답 ① 유기용제나 중금속과 같은 화학물질,
② 소음,
③ 진동,
④ 온열조건
출처 교재 335p

38 우리나라 농업인들이 경험하는 일반적인 스트레스 요인 3가지를 쓰시오.

답

정답 1. 자본과 노동(경영)의 일원화 (자본과 노동력을 동시에 책임져야 하는 이중적 부담에 따른 스트레스)
2. 사적 영역(업무 외 일상 영역)과 공적 영역(업무 영역) 간의 혼재
3. 가계 수입의 불안정성
4. 육체적 노동과 정신적 노동의 수행 (생산과 관리의 전체적인 과정을 책임져야 하는 만능근로자 부담)
5. 기후나 재해 등에 대한 민감성
6. 신체적 건강이 곧 생산성과 직결됨에 따른 스트레스
7. 직업에 사회적 평가 및 고립, 소외
8. 농가 부채 및 경제적 악순환
9. 위험한 물리환경에의 노출
출처 교재 338~339p
참고 2018년 제1회 필기 1차 기출문제

39 스트레스로 발생할 수 있는 내분비계 질환 3가지를 쓰시오.

답

> 정답 ① 당뇨병 (제1당뇨, 제2당뇨)
> ② 신경성 식욕부진증, 대식증 등과 같은 식이행동 이상
> ③ 갑상선 기능이상

보충 스트레스와 건강영향 (교재 341p)

구분		종류
신체적 질환	심혈관 질환	한국인 사망원인 1위
	근골격계 질환	작업자세, 반복성, 힘 등과 같은 인간공학적 위험인자가 근육골격계의 만성적인 건강 장해를 가져옴
	정신질환	알콜중독, 불안장애, 우울증을 비롯한 기분장애, 정신분열증을 비롯한 정신증
	소화기계 질환	기능성 소화불량, 과민성 대장 증후군, 기능성 복통
	내분기계질환	정답 참조
	면역질환	수면장애, 시험전 스트레스 등
	피부질환	피부건강염려증, 인공피부염, 발모벽, 다한증, 안면 홍조증, 두드러기, 습진, 건선, 항문소양증, 외음소양증, 탈모증 등
	비뇨기계질환	남성불임, 발기부전, 만성전립선염, 여성요도증후군
	산부인과 질환	임신 중의 스트레스와 산후우울증, 만성골반통, 기능성 자궁출혈, 무월경, 월경전 증후군 등
심리적 영향		수면장애, 부정적 자기평가로 이어지고 우울이나 신경증, 정신증과 같은 정신과적 문제를 유발시킨다. 이는 자살로 이어지게 된다.
손상		소득이 낮고, 생산직에 종사하는 열악한 환경에 종사하는 직무스트레스가 높은 사람들에서 손상 발생건수가 높고 손상으로 인한 사망률이 높았으며, 회복이 느린 것으로 알려져 왔다.

40 다음 보기의 내용이 정의하는 용어를 쓰시오.

> 인체의 내성을 넘어서는 정도의 물리적 힘, 열, 전기, 화학물질, 방사선 등과 같은 물리적 요인에 급격히 노출되어 발생하거나, 산소나 열의 결핍과 같은 인체 유지의 필수 요인의 결핍에 의해 발생하는 불건강 상태

답

> 정답 손상
> 출처 교재 342p

41 Folkman과 Lazarus가 분류한 개인적 차원에서의 스트레스 감소 기법 2가지를 쓰시오.

답

정답 ① 문제중심의 대응, ② 감정중심의 대응

출처 343p

보충 문제중심의 대응, 감정(정서)중심의 대응

단 계	증 상
문제 중심의 대응	• 문제해결 기법이나 환경적인 변화와 같이 스트레스 원을 제거하거나 감소시키기 위한 전략
감정(정서) 중심의 대응	• 스트레스로 인한 증상을 제거하거나 감소시키려는 시도 • 예 : 이완훈련, 생체자기제어기법 (바이오피드백기법)

42 개인적 스트레스 관리 기법 중 감정(정서)중심의 대응기법 2가지를 쓰시오

답

정답 ① 이완훈련, ② 생체자기제어기법 (바이오피드백기법)

출처 343p

43 다른 직업군들과 비교했을 때, 상이한 농업인의 직무스트레스 3가지를 쓰시오.

답

정답 ① 급변하는 영농정책, ② 자본의 영세성, ③ 노동집약적 산업,
④ 작업환경의 열악성 등에서 기인하게 되는 경제적 압박 및 부채의 증가,
⑤ 신체적 및 심리적 건강의 위협, ⑥ 불필요한 서류 작업 등

출처 교재 344p

44 가장 보편적으로 사용되는 개인적 차원에서의 스트레스 감소 기법 3가지를 쓰시오.

정답 ① 점진적 근육 이완법, ② 바이오피드백,
③ 명상법, ④ 인지-행동기법
출처 교재 344p

보충 직무 스트레스 관리기법

기 법	내 용
점진적 근육 이완법	• 근육에 주의를 집중시켜 불필요한 긴장을 인식하고 이를 해소하게 하는 단계적인 훈련을 말한다. • 이 방법을 통하여 근육의 이완이 이루어지면 자율신경 활성도가 낮아지게 되며 불안이나 스트레스 수준이 감소하게 된다
바이오피드백 (생체자기 제어기법)	• 특정한 생리적 현상에 대한 정보를 제공하여 그 생리적 활성도를 스스로 조절하게 하는 방법이다. • 바이오피드백을 통하여 맥박, 혈압, 혈류, 위 수축, 근 긴장 등의 생물학적 기능을 자율적으로 조절할 수도 있으며 실제로 긴장성 두통에 매우 효과적이다.
명상법	• 이완 반응을 유도해내며 이를 통하여 스트레스에 대한 심리적 혹은 생리적 반응의 감소를 가져올 수 있다
인지-행동기법	• 스트레스 상황의 평가 과정을 수정하고 스트레스 인자를 처리할 수 있는 행동 기술을 개발해 내는 것을 말한다.
자기주장훈련	• 다른 사람을 비난하거나 지시하여 불쾌하게 만들지 않으면서 동시에 분명하고 직접적인 표현으로 자신의 욕구나 생각, 감정 등을 나타내는 것이다.

45 뇌심혈관계 질환의 선행질환 3가지를 쓰시오.

정답 ① 고혈압, ② 당뇨병,
③ 이상지질혈증, ④ 동맥경화증
출처 교재 347p

46 질병관리본부에서 발표한 '심뇌혈관질환 예방관리를 위한 9대 생활 수칙' 중 3가지를 쓰시오.

답

정답 1. 담배는 반드시 끊는다.
2. 술은 하루에 한두 잔 이하로 줄인다.
3. 음식은 싱겁게 골고루 먹고, 채소와 생선을 충분히 섭취한다.
4. 가능한 한 매일 30분 이상 적정한 운동을 한다.
5. 적정 체중과 허리둘레를 유지한다.
6. 스트레스를 줄이고, 즐거운 마음으로 생활한다.
7. 정기적으로 혈압, 혈당, 콜레스테롤을 측정한다.
8. 고혈압, 당뇨병, 이상지질혈증을 꾸준히 치료한다.
9. 뇌졸중, 심근경색증의 응급증상을 숙지하고 발생 즉시 병원에 간다.
출처 교재 352 ~ 353p

47 뇌졸중환자의 소위 골든타임은?

답

정답 발생 3시간
출처 교재 353p
보충 심폐소생술 골든,타임 : 4분

48 옥외작업으로 인한 자외선 노출시 유발될 수 있는 피부질환 3가지를 쓰시오.

답

정답 ① 일광화상,
② 피부노화, ③ 피부암
출처 교재 356p

보충 주요 피부질환
• 농업인에서 가장 많은 피부질환 : 접촉성피부염
• 고온다습한 환경에서 작업하는 농업인 : 사타구니, 손, 발 등에 곰팡이진균에 의한 백선(무좀)

49 피부를 통한 열 방출에 주요한 영향을 미치는 온열요소 4가지를 쓰시오.

답

정답 ① 기온, ② 기습, ③ 기류, ④ 복사열
출처 교재 358P

50 온열질환의 종류 4가지를 쓰시오.

답

정답 ① 열사병, ② 열탈진, ③ 열경련, ④ 열실신
출처 교재 359p

51 다음 보기의 ( )안에 알맞은 용어를 순서대로 쓰시오.

- (①)은 고온 스트레스를 받았을 때 열을 발산시키는 체온조절 기전에 문제가 생겨 심부체온이 40℃ 이상 증가하는 것을 특징으로 한다.
- (②)은 땀을 많이 흘린 후에 염분과 수분을 부적절하게 보충하였을 때 나타난다.
- (③)은 땀을 많이 흘린 후 수분만을 보충하여 생기는 염분 부족으로 발생한다.
- (④)은 피부 혈관확장으로 인한 전신과 대뇌 저혈압으로 의식소실이 갑자기 나타난다.

답

정답 ① 열사병, ② 열탈진, ③ 열경련, ④ 열실신
출처 교재 359p
참조 2019년 제2회 필기 1차 기출문제

52 여름철 농작업시 온열질환 예방대책 3가지를 쓰시오.

답

정답 ① 갈증을 느끼지 않아도 규칙적으로 물을 자주 마신다.
② 땀을 많이 흘린 경우 염분을 함께 섭취해야 한다.
③ 폭염 기간에는 술이나 카페인이 들어있는 음료(커피)는 자제한다.
④ 폭염 기간에는 낮 12시에서 오후 5시 사이에는 농작업 및 야외활동을 피해야 한다.
⑤ 폭염 시간을 피한 경우라도 농작업이나 야외활동을 해야만 하는 경우 혼자 활동하지 않고 2명이 짝지어 활동하도록 한다.
⑥ 불필요한 빠른 동작은 피한다.
⑦ 챙이 넓은 모자, 여유 있는 긴팔 옷과 긴바지 등을 착용하여 자외선 노출을 차단해야 한다.
⑧ 공기가 순환되지 않는 밀폐지역에서의 농작업은 피해야 하며 그늘이나 통풍이 잘 되는 곳에서 자주 짧은 휴식을 취해야 한다.
⑨ 발한작용을 방해하는 달라붙는 옷은 입지 말고 열 흡수가 낮은 밝은 색깔의 가벼운 옷을 입어 시원하게 하거나 얼음조끼 등의 보조도구를 활용하는 것을 고려해야 한다.
⑩ 비닐하우스는 외부 온도에 비해 내부 온도가 높은 공간으로 비닐하우스 내에서의 농작업은 5시간 이하로 제한해야 하며 내부에는 온도계를 설치하거나 중간 부분에 휴식공간을 확보하여 관리하여야 한다.
출처 교재 360p
참조 2019년 제2회 필기1차 기출문제

53 의식불명 온열질환자가 발생 할 때의 조치사항을 쓰시오.

답

정답 1. '기도 확보' 등 현장 응급처치를 하고 곧장 119로 신고한다.
2. 시원하고 탁 트인 곳으로 옮기고 젖은 물수건, 에어컨 또는 찬물을 이용해 체온을 떨어뜨려야 한다.
3. 머리를 다리보다 낮추고 구급대를 오래 기다려야 할 상황이면 욕조에 머리만 남기고 잠기도록 한다.
출처 교재 360p

54 다음 (   )안에 알맞은 용어를 순서대로 쓰시오.

> 비닐하우스는 외부 온도에 비해 내부 온도가 높은 공간으로 비닐하우스 내에서의 농작업은 (①)시간 이하로 제한해야 하며 내부에는 (②)를 설치하거나 중간부분에 (③)을 확보하여 관리하여야 한다.

답

정답 ① 5, ② 온도계, ③ 휴식공간
출처 교재 360p

55 암발생과 밀접한 연관성이 있는 농약살충제 계통을 2개 쓰시오.

답

정답 ① 유기염소계 살충제, ② 유기인계 살충제
출처 교재 362p

보충 일부 카바메이트 살충제 : 비호즈킨림프종, 뇌종양, 폐암 발생과 관련
일부 아세트 아닐라이드 제초제 : 백혈병과 관련

56 농약 노출이 인간에게 암 발생을 증가시키는 기전 3가지를 쓰시오.

답

정답 ① DNA나 RNA를 손상 ② 면역독성, ③ 활성산화작용, ④ 호르몬 작용
출처 교재 362p

제4편 농작업 안전생활

제1장 농촌생활 안전관리

01 절연된 금속체나 절연체에 존재하는 대전된 상태의 전기 에너지를 무엇이라고 하는가?

답

정답 정전기

출처 동전기와 정전기(교재 364p)

구 분		내 용
동전기	직류(DC)	• 전류의 흐름이 한 방향으로만 흐르기 때문에 계측기 사용시에 (+), (-) 방향을 유의하여야 한다.
전선로를 따라 흐르는 전기 에너지	교류(AC)	• 전원의 극성이 주기적으로 변하고, 이에 따라 전류의 진행 방향도 같이 변화한다. • 우리가 사용하는 교류전원은 1초에 60번 방향이 바뀌기 때문에 극성이 있다고 말할 수 없다. 즉, 교류전원은 (+), (-)가 없다.
정전기		절연된 금속체나 절연체에 존재하는 대전된 상태의 전기 에너지

02 우리나라에서 사용하는 전압의 크기에 따른 분류 유형 3가지를 쓰시오.

답

정답 ① 저압, ② 고압, ③ 특별고압

출처 교재 364p

보충 전압의 구분

구 분	교 류(60Hz)	직 류
저 압	600[V] 이하인 것	750[V] 이하인 것
고 압	600[V]를 넘고 7000[V] 이하인 것	750[V]를 넘고 7,000[V] 이하인 것
특별고압	7,000[V]를 넘는 것	

03 다음 보기의 ( )안에 알맞은 용어를 쓰시오.

> (①)이란 인체의 일부 또는 전체에 전류가 흐르는 현상으로, 이로 인해 인체가 받게 되는 충격을 '(②)'이라고 하는데, 간단한 충격으로부터 심한 고통을 받는 충격, 근육의 수축, 호흡의 곤란, 때로는 (③)에 의한 사망까지도 발생한다.

답

정답 ① 감전, ② 전격, ③ 심실세동
출처 교재 365p

04 3,000이상 전류[mA]에서 나타나는 생리작용 3가지를 쓰시오.

답

정답 ① 혈압상승, ② 불회복성 심장정지, ③ 부정맥 폐기
출처 교재 365p

보충 4가지 전류범위에 있어서의 생리적 반응

전류범위 (mA)	생 리 작 용
Ⅰ (약 25 이하)	전류를 감지하는 상태에서 자발적으로 이탈이 가능한 상태
Ⅱ (25 ~ 80)	아직 참을 수 있는 전류로서 혈압상승, 심장맥동의 불규칙, 회복성 심장정지, 50mA 이상에서 실신
Ⅲ (80 ~ 3000)	실신, 심실세동
Ⅳ (약 3000 이상)	혈압상승, 불회복성 심장정지, 부정맥 폐기종

05 전류에 의해 인체에 미치는 영향으로 전격의 위험을 결정하는 주요 인자 3개를 쓰시오.

답

정답 ① 통전전류의 크기
② 통전경로(전류가 신체의 어느 부분을 흘렀는가) ③ 전원의 종류(교류, 직류별)
④ 통전시간과 전격인가위상(심장 맥동주기의 어느 위상에서 통전했는가)
⑤ 주파수 및 파형
출처 교재 366p

06 다음 보기의 (   )안에 들어가 알맞은 용어를 답지에 순서대로 쓰시오.

> (①)가 (②)보다 더 증가하면 인체는 전격을 받지만 처음에는 고통을 수반하지는 않는다. 그러나 전류가 더욱 증가하면 쇼크와 함께 고통이 따르며, 어느 한계 이상의 값이 되면 근육마비로 인하여 자력으로 충전부에서의 이탈이 불가능해진다.
> 여기에서 인체가 자력으로 이탈할 수 있는 전류를 (③)라고 하며, 자력으로 이탈할 수 없는 전류를 (④)라고 한다.
> 감전에 의한 사망의 위험성은 보통 (⑤)의 크기에 의해서 결정된다.

답

정답 ① 통전전류, ② 최소감지전류, ③ 가수전류, ④ 불수전류 ⑤ 통전전류

출처 교재 366p

보충 통전전류의 크기

구 분	내 용
최소감지전류	• 고통을 느끼지 않으면서 짜릿하게 전기가 흐르는 것을 감지하는 단계 • 직류냐 교류냐에 따라 또 성별·건강·연령에 따라 다르며 교류인 경우에는 상용주파수 60[Hz]에서 건강한 성인남자의 경우는 1mA 정도
고통한계전류 (약 7~8mA정도)	• 통전전류가 최소감지전류보다 커지면 어느 순간부터는 고통을 느끼는데, 이것을 참을 수 있는 한계
가수전류	• 인체가 자력으로 이탈할 수 있는 전류 • 이탈전류(교류), 해방전류(직류), 안전전류
불수전류	• 자력으로 이탈할 수 없는 전류 (교착전류, 불안전전류)
마비한계전류 (10~15mA 정도)	• 고통한계전류를 넘어서면 신체의 일부가 근육 수축현상을 일으키고 신경이 마비되어 생각대로 자유롭게 움직일 수 없게 되는 한계 전류치
심실세동전류	• 전류의 일부가 심장부분을 흐르게 되며, 심장은 정상적인 맥동을 하지 못하 고 불규칙적인 세동(細動)을 일으켜 혈액순환이 곤란해지고 심장이 마비되는 현상을 초래하는 전류

참조 2019년 제2회 필기 1차 기출문제

07 인체에 전격을 당하였을 경우 만약 통전시간이 25초간 걸렸다면 1000명 중 5명이 심실세동을 일으킬 수 있는 전류치는 얼마인가?

답

정답 심실세동전류값은 1,000명 중 5명 정도가 심실세동을 일으키는 전류값이다.

심실세동전류치 = $\dfrac{165}{\sqrt{T(통전시간)(\sec)}}(mA) = \dfrac{165}{\sqrt{25}} = 33\,(mA)$

출처 교재 367p

08 심장맥동주기를 구성하는 3가지 파형을 쓰시오.

답

정답 ① P파, ② Q-R-S파, ③ T파
출처 교재 368p

보충 심장 맥동주기

Ferris와 King은 심실이 수축 종료하는 T파 부분에서 전격이 인가되면 심실세동을 일으키는 확률이 가장 크고 위험하다고 하였다.

맥동주기	내 용
P파	심방(心房)의 수축에 따른 파형
Q-R-S파	심실(心室)의 수축에 따른 파형
T파	심실(心室)의 수축 종료 후 휴식 시에 발생되는 파형

09 2차 감전요소에 해당하는 것을 3개 쓰시오.

답

정답 ① 인체의 조건(저항), ② 전압, ③ 계절, ④ 개인차
출처 교재 368p

보충 감전요소의 분류

1차 감전 요소	2차 감전 요소
• 통전전류의 크기 : 감전에 의한 사망의 위험성결정 • 통전경로 (전류가 신체의 어느 부분을 흘렀는가) • 전원의 종류 (교류, 직류별) • 통전시간과 전격인가위상 (심장 맥동주기의 어느 위상에서 통전했는가) • 주파수 및 파형	• 인체의 조건(저항) : 인체의 전기저항은 사람에 따라서 상당히 큰 폭으로 변동됨. 피부저항은 약 2,500Ω, 내부조직의 저항은 약 300Ω(저항은 피부에 땀이 나 있는 경우, 건조 시보다 약 1/12~1/20로 감소하고 물에 젖어 있는 경우에는 약 1/25로 저하) • 전압 : 저전압에 비해 고전압이 더 위험 • 계절 : 기온이 건조한 계절보다 습도가 높은 계절은 수분이 많아 더 위험 • 개인차 : 성별, 연령, 건강상태

10 다음은 감전사고의 형태에 관한 내용이다. ( )안에 알맞은 용어를 순서대로 쓰시오.

> • 전선 등의 전기통로에 접촉된 인체를 통해 (①)가 흘러서 감전되는 경우
> • 누전 상태에 있는 전기기기에 인체 등이 접촉되어 인체를 통해 (②)가 흘러서 감전되는 경우로서, 절연불량의 전기기기 등에 인체가 접촉되어 발생하는 경우
> • 전기 통로에 인체 등이 접촉되어 인체가 단락되거나 혹은 (③)의 일부를 구성하여 감전되는 경우
> • 고전압의 전선로에 인체 등이 너무 가깝게 접근하여 공기의 (④)현상이 일어나면서 발생한 아크로 인해 화상을 입거나 인체에 전류가 흐르게 되는 경우
> • 초고압의 전선로에 근접하는 경우, 인체에 (⑤)된 전하가 접지된 물체로 흘러서 감전되는 경우(이것은 초고압의 전선로 주변에서 흔히 일어나는 현상)

답

정답 ① 지락전류 ② 지락전류
③ 단락회로 ④ 절연파괴 ⑤ 유도대전

출처 교재 369p

11 정전작업을 할 때, 전로를 개로한 후 해당 전로에 대하여 하여야 할 조치내용이다. ( )안에 알맞은 용어를 쓰시오.

> 1. 전로의 개로에 사용한 (①)에 잠금장치를 하고 통전(通電) 금지에 관한 지판을 설치하는 등 필요한 조치를 할 것
> 2. 개로된 전로가 전력 케이블·전력 콘덴서 등을 가진 것으로서 (②)를 확실히 방전시킬 것
> 3. 개로된 전로의 충전 여부를 검전기구에 의하여 확인하고 오(誤)통전, 다른 전로와의 접촉, 다른 전로로부터의 유도 또는 예비동력원의 역송전에 의한 감전의 위험을 방지하기 위하여 (③)를 사용하여 확실하게 단락 접지할 것

답

정답 ① 개폐기, ② 잔류전하, ③ 단락접지기구
출처 교재 370p

12 정전작업요령에 포함되어야 할 사항 3가지를 쓰시오.

답

정답 ① 작업책임자의 임명과 정전범위·절연용 보호구의 이상 유무 점검 및 활선접근경보장치의 휴대 등 작업시작 전에 필요한 사항
② 전로 또는 설비의 정전순서에 관한 사항
③ 개폐기관리 및 표지판 부착에 관한 사항
④ 정전확인순서에 관한 사항
⑤ 단락접지실시에 관한 사항
⑥ 전원재투입 순서에 관한 사항
⑦ 점검 또는 시운전을 위한 일시운전에 관한 사항
⑧ 교대근무 시의 근무인계에 필요한 사항
출처 교재 371p

13 국제사회안전협회(ISSA)에서 제시하는 정전작업의 5대 안전수칙중 3가지를 쓰시오.

> 답

> 정답 ① 작업 전에 전원 차단
> ② 전원 투입의 방지
> ③ 작업장소의 무전압 여부 확인
> ④ 단락접지 ⑤ 작업장소의 보호
> 출처 교재 371p

14 정전작업시 작업전 실무사항 3가지를 쓰시오.

> 답

> 정답 ① 작업지휘자에 의한 작업내용의 주지 철저
> ② 개로개폐기의 잠금 또는 표시 ③ 잔류전하의 방전
> ④ 검전기에 의한 정전 확인 ⑤ 단락접지
> ⑥ 일부정전작업 시에 정전선로 및 활선선로의 표시
> ⑦ 근접활선에 대한 방호

보충 정전작업 (교재 372p)

단계	협의 사항	실무 사항
작업 전	1. 작업지휘자의 임명 2. 정전범위, 조작순서 3. 개폐기의 위치 4. 단락접지 개소 5. 계획변경에 대한 조치 6. 송전 시의 안전확인	1. 작업지휘자에 의한 작업내용의 주지 철저 2. 개로개폐기의 잠금 또는 통전금지표시 3. 전력케이블・전력콘덴서 등 잔류전하의 방전 4. 검전기에 의한 충전 확인 5. 단락접지 6. 일부정전작업 시에 정전선로 및 활선선로의 표시 7. 근접활선에 대한 방호
작업 중	1. 작업지휘자의 감독	1. 작업지휘자에 의한 지휘 2. 개폐기의 관리 3. 단락접지의 수시 확인 4. 근접활선에 대한 방호상태의 관리
작업 종료시		1. 단락접지기구의 철거 2. 표지의 철거 3. 작업자에 대한 위험이 없는 것을 확인 4. 개폐기를 투입해서 송전 재개

15 다음 보기의 내용이 설명하는 용어는?

> 노출 충전된 도체나 기기 등을 작업자의 보호구 착용 여부와 관계없이 손이나 발 또는 신체의 기타 부분으로 만지거나 해당기기로 접촉하는 작업

답

정답 활선작업

출처 활선작업 등 (교재 372p)

구 분	용 어
활선작업	지문 참조
활선근접작업	전기적으로 안전한 작업조건에 속하지 않는 노출된 충전도체 또는 기기 등의 접근한계 내에서의 작업
저압활선작업	저압(750V 이하 직류 전압이나 600V 이하의 교류 전압을 말한다) 충전전로의 점검 및 수리 등 해당 충전전로를 취급하는 작업
저압활선근접작업	저압 충전전로에 근접하는 장소에서 전로 또는 그 지지물의 설치·점검·수리 및 도장 등 작업 또는 해당 작업자의 신체 등이 해당 충전전로에 접촉함으로 인하여 감전의 위험이 발생할 우려가 있는 작업

16 충전 부분에 대한 감전을 방지하기 위한 방호방법 3가지를 쓰시오.

답

정답 ① 충전부가 노출되지 아니하도록 폐쇄형 외함(外函)이 있는 구조로 할 것
② 충전부에 충분한 절연효과가 있는 방호망 또는 절연덮개를 설치할 것
③ 충전부는 내구성이 있는 절연물로 완전히 덮어 감쌀 것
④ 발전소·변전소 및 개폐소 등 구획되어 있는 장소로서 관계작업자 외의 자의 출입이 금지되는 장소에 충전부를 설치하고 위험표시 등의 방법으로 방호를 강화할 것
⑤ 전주 위나 철탑 위 등의 격리되어 있는 장소로서 관계작업자 외의 자가 접근할 우려가 없는 장소에 충전부를 설치할 것
출처 교재 373p

17 꽂음접속기의 설치·사용 시의 준수사항 3가지를 쓰시오.

답

정답 ① 서로 다른 전압의 꽂음접속기는 상호 접속되지 아니한 구조의 것을 사용할 것
② 습윤한 장소에 사용되는 꽂음접속기는 방수형 등 해당장소에 적합한 것을 사용할 것
③ 작업자가 해당 꽂음접속기를 접속시킬 경우 땀 등에 의하여 젖은 손으로 취급하지 아니하도록 할 것
④ 해당 꽂음접속기에 잠금장치가 있는 때에는 접속 후에 잠그고 사용할 것
출처 교재 374

18 다음 보기의 ( )안에 알맞은 용어를 순서대로 쓰시오.

> - 전기기계·기구를 조작함에 있어서 감전 또는 오조작에 의한 위험을 방지하기 위하여 해당 전기기계·기구의 조작부분은 (①)lx 이상의 조도가 유지되도록 하여야 한다.
> - 전기기계·기구의 조작부분에 대한 점검 또는 보수를 하는 때에 작업자가 안전하게 작업할 수 있도록 전기기계·기구로부터 폭 (②)이상의 작업공간을 확보하여야 한다.
> - 전기적 불꽃 또는 아크에 의한 화상의 우려가 높은 (③)이상 전압의 충전전로작업에 작업자를 종사시키는 경우에는 방염처리된 작업복 또는 난연(難燃)성능을 가진 작업복을 착용시켜야 한다.

답

정답 ① 150, ② 70cm, ③ 600V
출처 교재 374p

19 차단기의 종류 3가지를 쓰시오.

답

정답 ① 배선용 차단기, ② 누전차단기, ③ 커버나이프스위치

해설 차단기의 종류 (교재 375p)

구 분	역 할
배선용 차단기	• 전기회로에서 전기기구나 코드가 고장 등으로 합선되면 자동으로 전기를 차단 • 과다사용으로 용량을 초과하여 전기가 흐르면 자동으로 전기를 차단
누전차단기	• 감전이나 화재의 원인이 되는 누전을 신속하게 감지하여 자동으로 전기를 차단
커버나이프스위치	• 과전류시 휴즈가 녹아 전기를 차단

20 다음 보기의 ( )안에 알맞은 용어를 쓰시오.

- 분전반에는 커버를 반드시 설치하여 물기나 먼지의 침투를 예방하여야 한다. 차단기에서의 전기는 반드시 (①)쪽의 부하측에서 인출하며, 커버나이프스위치는 적절한 용량의 (②)를 설치하여 사용하여야 한다.
- 배선용 차단기는 각 (③)A 이상 분기회로에는 별도로 설치하고, 에어컨, 전자레인지, 건조기 등 전기용량이 큰 전기기구에는 전용회로를 사용하는 것이 안전하다. (④)는 물과 전기가 접촉할 가능성이 있는 장소의 모든 전기기구에 설치해야 한다.

답

정답 ① 아래, ② 규격퓨즈, ③ 20, ④ 누전차단기
출처 교재 376p

21 차단기의 점검사항 3가지를 쓰시오.

답

정답 ① 이상음의 유무, ② 단자의 변색유무, ③ 먼지부착여부, ④ 열화여부, ⑤ 케이스 등의 파손여부
출처 교재 375p

22 차단기의 결선상태에서 확인해야 하는 것 3가지를 쓰시오.

답

> **정답** ① 역부착 여부, ② 장력작용 여부,
> ③ 단단히 체결되었는지 여부
> **출처** 교재 376p

23 누전차단기의 점검방법과 점검주기를 구분하여 기술하시오.

답

> **정답** ① 점검방법은 누전차단기의 빨간색 버튼을 눌러 "딱" 소리와 함께 스위치가 내려가면 정상이지만 동작하지 않으면 교환해야 한다.
> ② 점검주기는 월 1회 이상으로 한다.
> **출처** 교재 376p

24 누전차단기를 보호목적에 따라 분류하시오.

답

> **정답** ① 지락보호 전용,
> ② 지락보호 및 과부하보호 겸용,
> ③ 지락보호와 과부하보호 및 단락보호 겸용
> **출처** 교재 377p

보충 누전차단기의 분류

분류	종류	
전기방식 및 극수에 따른 분류	• 단상 2선식 2극, • 3상 3선식 3극,	• 단상 3선식 3극, • 3상 4선식 4극
보호목적에 따른 분류	• 지락보호 전용, • 지락보호와 과부하보호 및 단락보호 겸용	• 지락보호 및 과부하보호 겸용,
감도에 따른 분류	• 고감도	• 정격감도전류 30mA 이하
	• 중감도	• 정격감도전류 30mA ~ 1,000mA 이하
	• 저감도	• 정격감도전류 1,000mA ~ 20,000mA 이하

25 누전차단기의 고속형의 동작시간은?

답

정답 정격감도전류에서 0.1초 이내

출처 누전차단기의 종류 (교재 377p)

구 분		정격감도전류[mA]	동 작 시 간
고감도형	고속형	5, 10, 15, 30	• 정격감도전류에서 0.1초 이내
	시연형		• 정격감도전류에서 0.1초를 초과하고 2초 이내
	반시연형		• 정격감도전류에서 0.2초를 초과하고 1초 이내 • 정격감도전류 1.4배의 전류에서 0.1초를 초과하고 0.5초 이내 • 정격감도전류 4.4배의 전류에서 0.05초 이내
중감도형	고속형	50, 100, 200 500, 1000	• 정격감도전류에서 0.1초 이내
	시연형		• 정격감도전류에서 0.1초를 초과하고 2초 이내
저감도형	고속형	3,000, 5,000, 10,000, 20,000,	• 정격감도전류에서 0.1초 이내
	시연형		• 정격감도전류에서 0.1초를 초과하고 2초 이내

26 다음은 누전차단기 선정 시 주의사항이다. (   )안에 알맞은 숫자를 쓰시오.

- 누전차단기는 전로 전기방식에 대해 차단기 극수(3상4선식의 경우에 (①)극)를 보유하고 해당 전로의 전압과 전류 및 주파수에 적합하도록 사용
- 정격감도전류가 (②)mA 이하의 것 사용
- 정격부동작전류가 정격감도전류의 (③)% 이상이어야 하고, 또한 이들의 차가 가능한 한 적은 것을 사용하는 것이 바람직함.
- 누전차단기는 동작시간이 (④)초 이하이고 가능한 한 짧은 시간의 것을 사용
- 누전차단기는 절연저항이 (⑤)MΩ 이상 되어야 한다
- 전기용품안전관리법의 적용을 받는 인체 감전보호용 누전차단기는 정격감도 전류 (⑥)mA 이하, 동작시간 (⑦)초 이하의 전류 동작형의 것으로 한다.

답

정답 ① 4, ② 30,
③ 50, ④ 0.1, ⑤ 5, ⑥ 30, ⑦ 0.03

출처 교재 378p

27 누전차단기의 동작을 확인해야 하는 경우 3가지를 쓰시오.

답

정답 ① 전동기의 사용을 개시하려고 하는 경우
② 차단기가 동작한 후에 재투입할 경우
③ 차단기가 접속되어 있는 전로에 단락사고가 발생한 경우
출처 교재 378p

28 감전방지용 누전차단기를 접속하여야 하는 장소를 2개 쓰시오.

답

정답 ① 물 등의 도전성이 높은 액체에 의한 습윤 장소
② 철판·철골 위 등의 도전성이 높은 장소
③ 임시배선의 전로가 설치되는 장소
출처 교재 379p

보충 전기기계·기구 중 대지전압이 150[V]를 초과하는 이동형 또는 휴대형의 경우에도 반드시 감전방지용 누전차단기를 접속하여야 한다.

29 누전차단기의 설치 환경조건 3가지를 쓰시오.

답

정답 ① 주위온도에 유의(누전차단기는 주위온도 −10 ~ +40℃ 범위 내에서 성능을 발휘할 수 있도록 구조 및 기능이 설계되어 있음)
② 표고 1,000m 이하의 장소
③ 비나 이슬에 젖지 않는 장소
④ 먼지가 적은 장소 선택
⑤ 이상한 진동 또는 충격을 받지 않는 장소
⑥ 습도가 적은 장소
⑦ 전원전압의 변동에 유의
⑧ 배선상태를 건조하게 유지
⑨ 불꽃 또는 아크에 의한 폭발의 위험이 없는 장소에 설치
출처 교재 379p
참조 2019년 제2회 필기 1차 기출문제

30 누전차단기를 접속할 때의 준수사항에 관한 내용이다. (   )안에 알맞은 용어를 쓰시오.

> 1. 전기기계·기구에 접속되어 있는 누전차단기는 정격감도전류가 (①)mA이하이고 작동시간은 (②)초 이내일 것. 다만, 정격전 부하전류가 (③)A 이상인 전기기계·기구에 접속되는 누전차단기는 오작동을 방지하기 위하여 정격감도전류는 (④)mA 이하로, 작동시간은 (⑤)초 이내로 할 수 있다.
> 2. 분기회로 또는 전기기계·기구마다 누전차단기를 접속할 것. 다만, 평상시에 누설전류가 미소한 소용량 부하의 전로에는 (⑥)에 일괄하여 접속할 수 있다.
> 3. 누전차단기는 배전반 또는 분전반 내에 접속하거나 꽂음접속기형 누전차단기를 콘센트에 연결하는 등 파손 또는 감전사고를 방지할 수 있는 장소에 접속할 것
> 4. 지락보호전용 누전차단기는 (⑦)를 차단하는 퓨즈 또는 차단기 등과 조합하여 접속할 것

답

 정답 ① 30, ② 0.03, ③ 50, ④ 200, ⑤ 0.1, ⑥ 분기회로, ⑦ 과전류
출처 379p

31 다음은 올바른 접지요령에 관한 내용이다. (   )안에 알맞은 숫자를 순서대로 쓰시오.

> • 접지대상 전기기구는 모든 전기기구이며, 접지선은 지름 (①)mm 이상의 연동선 또는 이와 동등 이상의 세기 및 굵기로서 쉽게 부식하지 아니하는 절연전선 또는 케이블이어야 한다.
> • 접지선의 지하 (②)㎝에서 지표상 (③)m까지의 부분은 합성수지관 또는 이와 동등 이상의 절연효력 및 강도를 갖는 몰드로 덮어야 하며, 접지선을 시설한 지지물에 피뢰침용 접지선을 사용해서는 안되며, 접지부는 부식되지 않았는지 정기적으로 확인하여야 한다.
> • 접지극은 공업규격에서 정해 놓은 금속체(동 등)를 사용하며, 알루미늄, 기타 부식하기 쉬운 것은 사용할 수 없다. 접지극의 길이는 (④)m 이상, 직경은 (⑤)㎝ 이상되어야 하며 지하 (⑥)cm 이상 깊이에 매설하여야 한다.
> • 접지극과 설치지지대(기둥 등)와의 땅속에서의 이격거리는 (⑦)m 이상되어야 한다.

답

 정답 ① 1.6, ② 75, ③ 2, ④ 1.8, ⑤ 1.8, ⑥ 75, ⑦ 1
출처 교재 380p

32 용량 및 용도에 맞는 전선 또는 차단기를 사용하기 위해 확인해야 할 사항 3가지를 쓰시오.

답

정답 ① 허용전압, ② 허용전류, ③ 용도
출처 교재 380p

33 다음 보기의 ( )안에 알맞은 용어를 쓰시오.

> 전선의 표기에서 허용전압이 표기되어 있으며, 용도별로는 (①)은 600V 이하의 옥내 배선에, (②)은 전력용으로, (③)는 주로 옥내에서 AC300V 이하의 소형 전기기구에 사용된다.

답

정답 ① 절연전선, ② 케이블, ③ 코드
출처 교재 380p~ 381p

34 전선 및 배선의 점검사항 3가지를 쓰시오.

답

정답 ① 전선 피복의 손상여부
② 전선노후, 열화여부
③ 전선 접속부가 단단히 연결되었는지 여부
④ 저항이 증가하지 않도록 연결되었는지 여부
⑤ 노출되지 않고 절연되었는지 여부
출처 교재 381p

35 감전에 의하여 넘어진 경우 주요 관찰사항 3가지를 쓰시오.

답

정답 ① 의식상태 ② 호흡상태 ③ 맥박상태
출처 교재 381p

36 연소의 3요소를 쓰시오.

답

정답 가연물, 점화원, 산소
출처 교재 383p
참고 2019년 실기 기출문제

37 소화의 원리 4가지를 쓰시오.

답

정답 ① 냉각소화, ② 질식(희석)소화, ③ 제거소화, ④ 억제소화
출처 교재 383p

보충 소화의 원리
① 냉각효과 : 물, CO_2등을 사용하여 필요한 열량 이하로 냉각
② 질식(희석)효과 : 산소 공급을 차단(산소농도 15% 이하 감소시 소화)
③ 제거효과 : 가연성 물질을 화재현장으로 부터 제거
④ 억제효과 : 연소의 연쇄반응을 차단 (할론 및 분말소화 약제)

38 화재의 종류를 A, B, C, D, E 급으로 분류할 경우 B급화재에 대하여 설명하시오.

답

정답 석유 등 가연성 액체의 유증기가 타는 화재

보충 화재의 종류 (교재 383P)
① 일반화재 A급 : 목재, 종이, 섬유, 플라스틱 등에 의한 화재
② 유류화재 B급 : 석유 등 가연성 액체의 유증기가 타는 화재
③ 전기화재 C급 : 전기가 흐르는 상태에서의 전기기구 화재
④ 금속화재 D급 : 가연성 금속에 의한 화재
⑤ 가스화재 E급 : 가스의 누출, 정전기, 전기스파크 등에 의한 화재

39 전기화재의 원인 중 단락에 대하여 서술하시오

답

정답 절연체가 전기회로나 전기기기에 있어서 전기적 또는 기계적 원인으로 파괴 또는 열화되어 합선에 의하여 발화하는 것

보충 전기화재의 원인 (교재 383P)

원 인	내 용
단 락	정답 참조
누 전	전류의 통로로 설계된 이외의 곳으로 전류가 흐르는 현상
과열 (과전류)	전기기기나 배선 등이 설계된 정상동작 상태의 온도 이상으로 온도 상승을 일으키는 일 및 피가열체를 위험온도 이상으로 가열하는 일
전기불꽃 (Spark)	화재원인으로서 전기불꽃은 개폐기나 콘센트를 조작할 때에 발생하는 불꽃. 전기설비에서 발생하는 전기불꽃은 모두가 점화원이 될 수 있음.
접촉부 발열	전선과 전선이나 전선과 단자 및 접속면 등의 도체에 있어서 접촉 상태가 불완전하면 특별한 접촉저항을 나타내어 발열. 이 발열은 국부적이고, 특히 접촉면이 거칠어지면 접촉저항은 더욱 증가되어 적열 상태에 이르게 됨으로써 주위의 절연물에 발화 발생
절연열화, 절연파괴	전기적으로 절연된 물질 상호 간에 전기저항이 감소되어 많은 전류를 흐르게 하는 현상
지 락	전류가 정상적인 전기회로에서 벗어나서 대지로 통하는 현상
낙 뢰	일종의 정전기로서 구름과 대지 사이의 방전현상
정전기 스파크	정전기는 물질의 마찰에 의하여 발생되며 대전된 도체 사이에서 방전이 생길 경우, 주위에 있던 가연성 가스 및 증기에 인화되는 경우에 해당함
열적 경과	전등이나 전열기 등을 가연물 주위에서 사용하거나 열의 발산이 잘 안되는 상태에서 사용할 경우, 가연물에 열이 축적되어 발화되는 경우(전등을 담요로 감싸서 방치하면 전구의 열에 의하여 담요에 착화되는 경우 등)에 발생

40 누전의 3요소를 쓰시오.

답

정답 ① 누전점, ② 접지점, ③ 출화점

출처 교재 384P

해설 어디에서 전기가 누설(누전점)되어 어디에서 접지물(접지점)에 흘러서 출화개소(출화점)가 그 경로를 구성하는 것을 분명히 함으로써 출하 원인을 판정

41 발화까지 이룰 수 있는 최소의 누전전류를 쓰시오.

답

정답 300~500mA
출처 교재 384P

42 전기로 인한 발화형태 3가지를 쓰시오.

답

정답 ① 단락(합선)에 의한 발화 ② 누전에 의한 발화
③ 과열(과전류)에 의한 발화 ④ 전기불꽃(Spark)에 의한 발화
⑤ 접촉부 발열에 의한 발화 ⑥ 절연열화, 절연파괴에 의한 발화
⑦ 지락에 의한 발화 ⑧ 낙뢰에 의한 발화
⑨ 정전기 스파크에 의한 발화 ⑩ 열적 경과에 의한 발화
출처 교재 385P

43 산업안전보건법령상 정전기의 발생 억제 및 제거조치 대상 설비 3개를 쓰시오.

답

정답 ① 위험물을 탱크로리·탱크차 및 드럼 등에 주입하는 설비
② 탱크로리·탱크차 및 드럼 등 위험물저장설비
③ 인화성 액체를 함유하는 도료 및 접착제 등을 제조·저장·취급 또는 도포(塗布)하는 설비
④ 위험물 건조설비 또는 그 부속설비
⑤ 인화성 고체를 저장하거나 취급하는 설비
⑥ 드라이클리닝설비, 염색가공설비 또는 모피류 등을 씻는 설비 등 인화성유기용제를 사용하는 설비
⑦ 유압, 압축공기 또는 고전위정전기 등을 이용하여 인화성 액체나 인화성 고체를 분무하거나 이송하는 설비
⑧ 고압가스를 이송하거나 저장·취급하는 설비
⑨ 화약류 제조설비
⑩ 발파공에 장전된 화약류를 점화시키는 경우에 사용하는 발파기(발파공을 막는 재료로 물을 사용하거나 갱도발파를 하는 경우는 제외한다
출처 산업안전보건기준에 관한 규칙 제325조
참조 2019년 제2회 필기 1차 기출문제

44 열적경과에 의하여 화재가 발생하는 경우 2가지를 쓰시오.

답

정답 ① 전등이나 전열기 등을 가연물 주위에서 사용하거나 열의 발산이 잘 안되는 상태에서 사용할 경우
② 가연물에 열이 축적되어 발화되는 경우
출처 교재 385P

45 정전기 스파크에 의한 발화 만족 조건 3가지를 쓰시오.

답

정답 ① 가연성 가스 및 증기가 폭발한계 내에 있을 것
② 정전기 스파크의 에너지가 가연성 가스 및 증기의 최소 착화에너지 이상일 것
③ 방전하기 충분한 전위차가 있을 것
출처 교재 385P

46 전기화재에서 발화원이 되는 배선기구 3가지를 쓰시오.

답

정답 ① 스위치, ② 칼날형개폐기, ③ 자동개폐기, ④ 접속기, ⑤ 전기측정기
출처 교재 385p
보충 발화원에 의한 전기화재

구 분	발화원
이동 가능한 전열기	전기난로, 전기풍로, 전기다리미, 전기담요, 소독기, 살균기, 용접기 등
고정된 전열기	전기항온기, 전기정화기, 오븐, 전기건조기, 전기로 등
전기기기 및 전기장치	배전용 변압기, 전동기, 발전기, 정류기, 충전기, 계기용 변성기, 유입차단기, 단권변압기 등
전등이나 전화 등의 배선	배전선, 인입선, 옥내배선, 옥외선, 코드선, 교통기관 내의 배선, 배전접속부 등
배선기구	스위치, 칼날형개폐기, 자동개폐기, 접속기, 전기측정기 등

47 가스화재의 원인 3가지를 쓰시오.

답

> **정답** ① 용기밸브 및 조정기를 함부로 만지거나 분해하는 경우
> ② 용기를 옮길 때 밸브의 손잡이를 잡는 경우
> ③ 빈 용기라고 밸브를 잠가두지 않은 경우
> ④ 용기를 직사광선에 방치하거나 넘어지지 않도록 고정하지 않은 경우
> ⑤ 가스밸브는 KS규격품이 아닌 불량품 사용하는 경우
> **출처** 교재 386p

48 전기기기 취급시 화재예방 요령 3가지를 쓰시오.

답

> **정답** ① 전기설비 사용 전 점검 ② KS마크 제품 사용
> ③ 정격용량의 전선 사용 ④ 노후된 전선 교체
> ⑤ 누전차단기 설치 ⑥ 문어발식 코드 가용 금지
> **출처** 교재 386p

49 가스취급시 화재예방요령이다. (   )안에 알맞은 숫자를 쓰시오.

- 가스 저장고 및 사용지역의 (①)m 이내 화기사용 금지
- 가스배관 교체 시 (②)시간 동안 자기압력계로 누설여부 시험(Leak Test) 실시
- 가연성가스의 충전용기는 (③)도 이하 유지

답

> **정답** ① 11, ② 24, ③ 40
> **출처** 교재 387~388p

50 화재시 연기가 많을 때 주의사항 2가지를 쓰시오.

답

정답 ① 연기 층 아래에는 맑은 공기층이 있다.
② 연기가 많은 곳에서는 팔과 무릎으로 기어서 이동하되 배를 바닥에 대고 가지 않도록 한다.
③ 한 손으로는 코와 입을 젖은 수건 등으로 막아 연기가 폐에 들어가지 않도록 한다.
출처 교재 389p

51 옷에 불이 붙었을 때 행동요령 3단계를 쓰시오.

답

정답 1. 그 자리에 멈춰선다.
2. 바닥에 엎드려 두 손으로 눈과 잎을 가린다.
3. 불이 꺼질 때까지 계속 뒹군다.
출처 교재 389p

52 가압방식에 따른 소화기 2종류를 쓰시오.

답

정답 ① 축압식, ② 가압식

출처 가압방식에 따른 분류 (교재 390P)

구 분	내 용
축압식	소화약제를 외부로 방사할 수 있도록 소화기 본체에 소화약제와 압축가스가 함께 봉입되어 있는 방식의 소화기
가압식	소화약제의 방출원이 되는 압축가스를 소화약제가 담긴 소화기 본체 용기와는 별도로 (내부 또는 외부) 전용용기(압력봄베)에 봉입하여 봉판이 파괴되면 전용 용기내에 충전되어 있던 압축가스의 압력으로 본체에 있는 소화약제를 외부로 방사하는 방식의 소화기

53 소화약제 성분에 따른 소화기종류 3가지를 쓰시오.

답

정답 ① 분말소화기(탄산수소나트륨, 황산알미늄)
② 강화액소화기(물, 황산암모늄)
③ 이산화탄소소화기
④ 기계포화식(수성막포, 계면활성제포)소화기
⑤ 할론소화기(증발성 액체)
출처 교재 391p

보충 화재분류에 따른 적용소화기

종 류	급 수	소화방법	적용 소화기	비 고
일반화재	A 급	냉 각	산·알칼리,포(泡), 물(주수) 소화기	목재, 섬유, 종이류 화재
유류화재	B 급	질 식	CO_2, 증발성 액체, 분말, 포 소화기	가연성 액체 및 가스 화재
전기화재	C 급	질식, 냉각	CO_2, 증발성 액체	전기통전중 전기기구 화재
금속화재	D 급	분 리	마른 모래, 팽창 질식	가연성 금속 (Mg, Na, K)

54 이산화탄소 소화기에 적합한 화재의 종류 2개를 쓰시오.

답

정답 ① 유류화재, ② 전기화재
출처 교재 391p

보충 • 분말소화기 : 유류화재
• 물소화기 : 일반화재
• 이산화탄소소화기, 할론소화기 : 유류화재, 전기화재
• 기계포화식 : 일반화재, 유류화재
• 간이소화용구 ; 금속화재

55 투척용 소화기 사용법을 3가지 쓰시오.

답

정답 ① 종이가 탈 때에는 벽이나 주변 투척
② 목재가 탈 때에는 불에 바로 투척
③ 기름은 주변에 투척
④ 투척식 소화기는 보호덮개를 사용하고 1.5m이하에 설치한다.
출처 교재 393P

56 다음은 소화기 관리법 및 소화기 사용시 주의사항이다. (   )안에 알맞은 용어를 쓰시오

- 분말소화기의 사용온도 범위는 (①)℃이상 (②)℃이하이다.
- 소화기는 바닥으로부터 (③)m 이하의 곳에 비치하고 "소화기" 표식을 보기 쉬운 곳에 게시한다.
- 소화약제의 응고를 방지하기 위해 (④)1회 이상 상·하로 흔들어 준다.
- 바람을 등지고 (⑤)에서 (⑥)로 방사한다.
- 이산화탄소 소화기는 지하층, 무창층에는 (⑦)의 우려가 있으므로 설치하지 않아야 하며, 방사시 노즐부분 취급에 주의하여 기화에 따른 (⑧)을 입지 않도록 한다.

답

정답 ① -20, ② 40, ③ 1.5, ④ 월,
⑤ 풍상, ⑥ 풍하, ⑦ 질식, ⑧ 동상
출처 교재 394 ~ 395P

57 하론소화기(하론 1301소화기 제외)를 사용할 수 없는 장소 2개를 쓰시오.

답

정답 ① 창이 없는층, ② 지하층,
③ 사무실 또는 거실로서 바닥면적 20㎡미만의 장소
출처 교재 395p

58 우리나라 폭염경보의 기준을 쓰시오.

정답 35℃ 이상의 최고기온이 2일 이상 지속될 때
출처 교재 396p

보충 폭염과 한파 경보

구 분	주의보	경보
폭 염	33℃ 이상의 최고기온이 2일 이상 지속될 때	35℃ 이상의 최고기온이 2일 이상 지속될 때
한 파	10월~4월에 다음 중 하나에 해당되는 경우 ① 아침 최저기온이 전날보다 10℃ 이상 하강하여 3℃ 이하이고 평년값보다 3℃가 낮을 것으로 예상될 때 ② 아침 최저기온이 -12℃ 이하가 2일 이상 지속될 것으로 예상될 때 ③ 급격한 저온현상으로 중대한 피해가 예상될 때	10월~4월에 다음 중 하나에 해당하는 경우 ① 아침 최저기온이 전날보다 15℃ 이상 하강하여 3℃ 이하이고 평년값보다 3℃가 낮을 것으로 예상될 때 ② 아침 최저기온이 -15℃ 이하가 2일 연속 지속될 것이 예상될 때 ③ 급격한 저온현상으로 광범위한 지역에서 중대한 피해가 예상될 때

59 폭염시 농작업을 해야 할 경우 예방대책을 3가지 쓰시오.

정답 ① 아이스팩, 모자, 그늘막 등을 활용하여 작업자를 보호한다.
② 나홀로 작업은 최대한 피하고, 함께 일한다.
③ 작업자는 휴식시간을 짧게 자주 가진다(시간당 10~15분).
④ 시원한 물을 자주 마신다.
⑤ 기온이 최고에 달할 때(낮 12시 ~ 오후 5시)는 작업을 중지한다.
출처 교재 397p

농작업을 해야 할 경우	하우스·축사·시설물에서 작업할 경우
정답참조	• 창문을 개방하고 선풍기나 팬을 이용하여 지속적으로 환기시킨다. • 천장에 물 분무장치를 설치하여 복사열을 방지한다. • 비닐하우스에는 차광시설, 수막시설 등을 설치한다.

60 고열 발생원에 대한 대책을 3가지 쓰시오.

답

정답 ① 방열재(Insulator)를 이용 표면을 덮는다. 대류와 복사열에 대한 영향을 막는 원리로 잠재적인 열을 차단하는 것이다.
② 전체 환기(상승기류제어를 위해 환기를 한다) 및 국소배기를 한다.
③ 복사열을 차단(Shielding)한다. 흰색계통 작업복 착용 시 태양 복사열 50% 정도 감소시킬 수 있다. 열작업공정(용광로, 가열로 등)에서 발생 복사열은 차열판(알루미늄 재질)을 이용 복사열을 차단시킬 수 있다(절연방법).
④ 냉방장치를 설치한다. 대규모 고열작업장의 경우 냉방보다 시원한 휴식장소를 마련하는 것이 좋다.
⑤ 대류(공기흐름)를 증가 시킨다. 대류증가에 의한 방법은 작업장 주위 공기온도가 작업자 신체 피부온도보다 낮을 경우에만 적용 가능하다.
⑥ 보텍스 튜브 (Vortex Tube : 냉풍조끼)의 원리를 이용한 냉방복을 착용한다.
⑦ 작업의 자동화와 기계화를 통하여 고열작업의 경감을 꾀한다.
출처 교재 398p

61 고열작업장 부적합 근로자 3명을 쓰시오.

답

정답 ① 비만자 및 위장장애가 있는 자,
② 비타민 B 결핍증이 있는 자,
③ 심혈관계에 이상이 있는 자,
④ 발열성 질환을 앓고 있거나 회복기에 있는 자,
⑤ 고령자(일반적 45세 이상)
출처 교재 399P

62 고온에 대한 보건관리상 대책으로 물 및 소금의 공급방법을 쓰시오.

답

정답 ① 물의 공급은 소량씩 자주 마시게 하는 것이 좋다 (일반적으로 20분당 1컵)
② 소금의 공급은 순화되지 않은 작업자에게 0.1% 식염수를 공급한다.
③ 정제나 분말상태의 소금을 섭취 시는 위장장애 및 탈수현상을 초래할 수 있으므로 꼭 식염수를 공급한다.
출처 교재 399P

63 인체의 고온순화시 현상을 3가지를 쓰시오.

정답 ① 맥박수 감소, ② 심박출량 증가, ③ 땀분비 증가, ④ 땀속의 염분농도 감소.
출처 교재 399P
보충 고온순화된 경우 땀분비는 증가하지만 알도스테론(aldosteron)이라는 호르몬의 분비 증가로 땀속 염분 농도가 감소하게 된다. 즉 같은 양의 땀을 흘리더라도 고온에 순화된 사람은 염분 손실이 적다. 반면, 고온순화되지 않은 사람은 땀 속의 염분이 많이 배출되기 때문에 식염을 보충하여야 하는데, 물만 많이 마실 때에는 열허열증에 걸리게 된다.

64 고열작업장의 작업환경관리 대책 3가지를 쓰시오.

정답 ① 작업자에게 국소적인 송풍기를 지급한다.
② 작업장 내에 낮은 습도를 유지한다.
③ 열차단판인 알루미늄 박판에 기름먼지가 묻지 않도록 청결을 유지한다.
④ 기온이 35℃ 이상이면 피부에 닿는 기류를 줄이고 옷을 입혀야 한다.
⑤ 노출시간을 한 번에 길게 하는 것보다는 짧게 자주하고, 휴식하는 것이 바람직하다.
⑥ 증발방지복(Vapor Barrier) 보다는 일반 작업복이 적합하다.
출처 교재 400P
참조 2019년 제2회 필기 1차 기출문제

65 저온환경에서 체열을 방출하는 이화학적 조절에 가장 중요하게 영향을 미치는 요소 2가지를 쓰시오.

정답 ① 환경온도, ② 대류
출처 교재 400P

66 경증 저체온증(중심 체온이 33~35℃인 경우)의 증상을 3가지 쓰시오.

정답
① 일반적으로 떨림 현상이 제일 먼저 나타난다.
② 피부에 '닭살'이라고 부르는 털세움근 (기모근) 수축 현상이 나타난다.
③ 혈압과 심장박동수가 증가하고 점차 체온이 떨어지면서 박동수와 혈압이 떨어지게 된다

보충 저체온 증상 (교재 400P)

구 분	내 용
경증 저체온증 (33~35℃)	정답 참고
29 ~ 32℃	• 의식 상태가 더욱 나빠지게 되며, 혼수상태에 빠진다. • 심장 박동과 호흡이 느려진다. • 근육 떨림은 멈추게 되고 뻣뻣해지며 동공이 확장되기도 한다.
중증 저체온증 (28℃ 이하)	• 심정지가 일어나거나 혈압이 떨어지며 의식을 잃는다. • 정상적인 각막 반사 등이 소실된다.

67 한랭장애에 대한 예방조치 3가지를 쓰시오.

정답 ① 혈액순환을 원활하게 하기 위한 운동지도를 할 것
② 적절한 지방과 비타민 섭취를 위한 영양지도를 할 것
③ 체온 유지를 위하여 더운물을 비치할 것
④ 젖은 작업복 등은 즉시 갈아입도록 할 것
출처 교재 403P

68 영하가 아닌 영상의 가벼운 추위에서 혈관이 손상입어 염증이 발생하는 질환은 무엇인가?

답

> 정답 동창
> 출처 교재401p

69 다음 중 동상에 해당하는 증상을 3가지를 쓰시오.

답

> 정답 ① 피부색이 흰색이나 누런회색으로 변한 경우
> ② 피부의 촉감이 비정상적으로 단단한 경우
> ③ 피부 감각이 저하된 경우
> 출처 교재 402p

70 한랭작업장에서 취해야 할 개인위생상 준수사항 3가지를 쓰시오.

답

> 정답 ① 팔다리 운동으로 혈액순환 촉진
> ② 약간 큰 장갑과 방한화의 착용
> ③ 건조한 양말의 착용
> ④ 과도한 음주, 흡연 삼가
> ⑤ 과도한 피로를 피하고 충분한 식사
> ⑥ 더운물과 더운 음식 자주 섭취
> ⑦ 외피는 통기성이 적고 함기성이 큰 것 착용
> ⑧ 오랫동안 찬물, 눈, 얼음에서 작업하지 말 것

해설 개인위생 준수사항 (교재 403P)

한랭장애 예방조치	한랭작업장에서 취해야 할 개인위생상 준수사항
• 혈액순환을 원활하게 하기 위한 운동지도를 할 것 • 적절한 지방과 비타민 섭취를 위한 영양지도를 할 것 • 체온 유지를 위하여 더운물을 비치할 것 • 젖은 작업복 등은 즉시 갈아입도록 할 것	정답 참조

71 태양광선의 종류 4가지를 쓰시오.

답

정답 ① 감마선, ② 엑스선, ③ 자외선,
④ 가시광선, ⑤ 적외선, ⑥ 라디오파
출처 교재 404p

72 자외선이 인체에 미치는 좋은 영향 2가지를 쓰시오.

답

정답 ① 살균작용, ② 비타민 D 생성
③ 칼슘의 항상성 유지 ④ 항암작용
참조 2019년 제2회 필기 1차 기출문제

보충 자외선이 인체에 미치는 영향 (교재 404P)

구 분	영 향
좋은 영향	• 살균작용 • 비타민 D 생성 : 뼈의 형성을 도와 구루병, 뼈연화증, 임산부·수유부의 뼈·치아 탈회현상을 방지한다. • 이외에도 칼슘의 항상성 유지, 유방암과 결장암의 항암작용 및 여러 가지 생리작용을 한다.
나쁜 영향	• 눈에 대한 영향 : (2019년 제2회 2차 기출) 　- 급성 : 광각막염과 결막염, 백내장 형성 　- 만성 : 백내장 형성 • 피부에 대한 영향 (자외선 B)) 　- 단기간 자외선 노출 : 홍반, 일광화, 색소침착 　- 장기간 자외선 노출 : 피부의 노화, 피부암 (흑색종, 비흑색종) • 면역저하 　- 백혈구의 기능과 분포가 변경되어 신체의 면역체계가 손상 　- 광선알레르기 반응, 일광두드러기, 다형 일광발진의 발생

73. 다음은 자외선 지수에 대한 설명이다 (   )안에 알맞은 용어를 쓰시오.

- 자외선 지수는 태양 고도가 최대인 (①)때 지표에 도달하는 자외선 - (②) 영역의 (③)을 의미한다.
- 태양에 대한 (④)로 예상되는 위험에 대한 예보를 제공함으로써 일상생활 중 자외선에 사람이 어느 정도로 주의해야 하는지의 정도를 제시한다.
- 자외선 지수는 (⑤)등급으로 구분되는데, (⑥)은 과다노출 때 위험이 매우 낮음을 나타내고, (⑨)이상은 과다노출 때 매우 위험이 높다는 것을 의미한다.

답

정답 ① 남중시간, ② B, ③ 복사량, ④ 과다노출, ⑤ 10, ⑥ 0, ⑦ 9
출처 교재 405p

74. 자외선 차단을 위한 선글라스의 기준이다. (   )안에 알맞은 용어를 쓰시오

선글라스의 코팅렌즈는 (①)의 (②)이 30%정도, (③)차단율이 (④)% 이상이라야 한다.

답

정답 ① 가시광선, ② 투과율, ③ 자외선, ④ 70
출처 교재 407p

75. 자외선 차단지수 15가 의미하는 것을 설명하시오.

답

정답 자외선 차단제 없이 노출되었을 때보다 햇빛의 영향을 15배 지연시켜주는 것을 의미한다
출처 교재 407p

76 자외선 경감을 위한 지침 3가지를 쓰시오.

답

정답 ① 가능한 정오(최고 일조량: 오전 10시~오후 4시)에 햇볕 쬐는 것을 피한다.
② 가능하면 그늘을 찾는다.
③ 항상 자외선차단제를 바른다.
④ 항상 모자를 착용한다.
⑤ 되도록 긴 옷을 착용한다.
⑥ 자외선 차단용 선글라스를 착용한다.
⑦ 태양등(Sunlamp)과 선탠실을 피한다.
⑧ 자외선 지수를 확인한다.
출처 교재 408p

77 소 사육환경에서의 대표적 유해위험 요소 3가지를 쓰시오.

답

정답 ① 미세먼지, ② 유기(사료)분진, ③ 소와의 접촉,
④ 가축분뇨, ⑤ 세균 및 바이러스, ⑥ 유해가스, ⑦ 장애물 접촉
출처 교재 409p

78 축사의 작업장 먼지감소대책 3가지를 쓰시오.

답

정답 ① 축사 내부에 공기정화장치를 활용하여 먼지 발생량을 최소화 한다.
② 여름철 안개분무를 이용하여 분진량을 줄이고, 채종유를 물과 혼합하여 2시간마다 8-10초간 분무하여 미세먼지를 감소시켜 준다.
③ 축사 내부의 환기량을 늘리기 위해 축사 설계 시에 큰 용량의 환기팬을 설치하고, 기존의 축사보다 높여 짓는 방법을 활용할 수 있다.
④ 축사 내부 깔짚을 깔기 전에 바닥재를 바닥에 깔고 그 위에 깔짚을 올려 출하 후에 깔짚이 깔린 바닥재를 말아 제거한다.
⑤ 축사내부 비포획형 출하 이동 시스템을 구축하여 노동력 절감 및 분진 노출을 최소화 할 수 있다.
출처 교재 410P

79 소독약 등 약품 안전사용 요령 3가지를 쓰시오.

답

정답 ① 가스나 증기 또는 물방울 형태로 사용하는 가를 확인한다.
② 그에 따라서 호흡, 피부 또는 입을 통해서 몸으로 흡수될 수 있는지 살핀다.
③ 노출되어서 건강에 나쁜 영향을 주지 않는 농도(도출농도)가 얼마인지 확인 한다(농도가 낮을수록 독성이 큰 물질임).
④ 인체에 어떤 영향을 주는지 확인한다.
⑤ 적합한 개인보호구를 선택한다.
출처 교재 410p

80 분뇨처리장의 정화조, 집수조, 맨홀, 우물, 침전조 등의 밀폐공간에서 발생할 수 있는 유해가스 3가지를 쓰시오

답

정답 ① 고농도 암모니아,
② 황화수소, ③ 이산화탄소
출처 교재 412p

81 밀폐공간의 작업시 구비해야 할 안전장비 3개를 쓰시오.

답

정답 ① 위험농도 측정 장비(황화수소, 산소, 암모니아 등),
② 환기팬, ③ 공기호흡기,
④ 통신수단(무전기),
⑤ 출입구 "위험경고" 혹은 "출입금지"표지판
출처 교재 412p

82 인수공통감염병 예방수칙 3가지를 쓰시오.

답

정답 ① 비누와 물로 손을 자주 씻는 등 개인위생을 철저히 해야 한다.
② 손으로 눈, 코, 입 만지기를 피해야 한다.
③ 축사 출입 및 작업 시 작업복 및 마스크를 착용한다(1회용 마스크는 한번 사용 후 반드시 폐기해야 한다).
④ 겨울철 계절인플루엔자 예방접종을 권고한다.
⑤ 조류 및 돼지 인플루엔자에 감염된 가축 발견 시에 축산 농장종사자 중 열과 기침, 목 아픔 등의 호흡기 증상이 있다면 가까운 보건소 또는 콜센터(1399)로 문의, 관할지역 방역기관(1588-4060)로 신고한다.
⑥ 호흡기 증상이 있는 경우는 마스크를 착용하고, 기침, 재채기를 할 경우는 휴지로 입과 코를 가리고 한다.
⑦ 농장시설에 자주 환기를 해주고 소독과 세척을 자주 실시하는 것이 중요하다.
⑧ 외부인이 축사에 출입하거나 접촉하지 않도록 한다.
⑨ 외국 여행 및 방문 중에는 동물과 접촉하지 말아야 한다
출처 교재 413p

83 쯔쯔가무시증/중증열성혈소판감소증후군(SFTS) 야외작업전 예방수칙 3가지를 쓰시오.

답

정답 ① 긴팔 옷, 긴 바지를 착용하고 토시와 장화를 착용한다.
② 피부가 드러나지 않도록 양말에 바지를 넣어 착용한다.
③ 진드기 기피제를 작업복과 토시에 뿌린다.

출처 교재 413p
복사 쯔쯔가무시증/중증열성혈소판감소증후군(SFTS) 예방수칙

구 분	예방수칙
야외 작업 전	① 긴팔 옷, 긴 바지를 착용하고 토시와 장화를 착용한다. ② 피부가 드러나지 않도록 양말에 바지를 넣어 착용한다. ③ 진드기 기피제를 작업복과 토시에 뿌린다.
야외 작업 중	① 풀밭 위에 옷을 벗어 놓고, 풀밭에 앉거나 눕지 않는다. ② 휴식이나 음식물을 먹을 때는 돗자리를 사용한다. ③ 풀숲에 앉아서 용변을 보지 않는다.
야외 작업 후	① 작업복은 즉시 세탁을 한다. ② 작업이 끝나면 목욕을 한다. ③ 돗자리는 세척하여 햇볕에 말린다.

84 가을철 3대 열성질환을 쓰시오.

답

정답 ① 쯔쯔가무시증/중증열성혈소판감소증후군(SFTS)
② 신증후군출혈열 ③ 렙토스피라증
출처 교재 413p
참조 2019년 제2회 필기 1차 기출문제

85 신증후군출혈열의 예방수칙 3가지를 쓰시오.

답

정답 ① 질환 다발지역에 접근하지 않는다.
② 야외활동 시에 들쥐 배설물과의 접촉을 최대한 피한다.
③ 신증후군출혈열 백신접종을 한다.
출처 교재 414p

86 렙토스피라증 예방수칙 3가지를 쓰시오.

답

정답 ① 작업 시에는 손발 등에 상처가 있는지를 확인하고, 반드시 장화, 장갑 등 보호구를 착용토록 한다.
② 가능한 한 농경지의 고인 물에는 손발을 담그거나 닿지 않도록 주의한다.
③ 가급적 논의 물을 빼고 마른 뒤에 벼 베기 작업을 수해한다.
④ 주여 증세가 있으며 반드시 의사의 진료를 받도록 한다
출처 교재 414p

87 벌 쏘임 사고 예방 안전수칙 3가지를 쓰시오.

> 답

정답 ① 벌을 자극하는 향수, 화장품, 헤어스프레이 등을 몸에 뿌리지 않고, 밝은 색의 옷과 모자를 착용한다.
② 달콤한 성분의 음료 음용 시에 마개를 열어놓지 않는다
③ 예초 및 벌초 등 작업 시 사전 벌집 위치를 확인한다.
④ 벌이 날아다니거나, 벌집을 건드려서 벌이 주위에 있을 때에는 벌을 작자극하지 않도록 손이나 손수건 등을 휘두르지 않는다.
⑤ 벌을 만났을 때는 가능한 낮은 자세를 취하거나 엎드린다.(* 만약 벌이 공격해 온다면 머리부위를 감싸고 신속하게 벌집에서 직선거리로 20m 이상 떨어진 곳으로 신속하게 벗어나야 한다.)
⑥ 간혹 체질에 따라 쇼크가 일어날 수 있는 사람은 등산 및 벌초 등 야외활동을 자제한다.
⑦ 야외활동 시 소매 긴 옷과 장화, 장갑 등 보호 장구를 착용한다.
출처 교재 415p

88 뱀물림 사고발생시 안전수칙 3가지를 쓰시오.

> 답

정답 ① 뱀에 물린 사람은 마음을 최대한 편안하게 해서 혈액이 빨리 순환되지 않도록 안정시킨 뒤 움직이지 않게 한다.
② 물린 부위가 통증과 함께 부풀어 오르면, 물린 곳에서 5~10cm 위쪽을 끈이나 고무줄, 손수건 등으로 가볍게 묶어 독이 퍼지지 않게 한다.
③ 최대한 빨리 병원으로 이송한다.
출처 교재 417p

89 동물성 지방이 일으키는 질병 3가지를 쓰시오.

> 답

정답 ① 동맥경화, ② 협심증, ③ 심근경색증
출처 교재 419p
보충 소금과다 섭취 : 고혈압, 뇌졸중

제2장 농업인을 위한 개인보호구

01 호흡용 보호구(방진마스크, 방독마스크, 송기마스크 등)가 필요한 작업 3가지를 쓰시오.

답

정답 ① 먼지나 분진이 많이 발생하는 사일로 또는 곡물 저장소 내에서의 작업
② 농약 저장소 및 농약살포 작업 등 유해가스가 발생하는 작업
③ 산소농도가 18% 미만인 작업환경

출처 교재 422p

보충 개인보호구와 필요한 농작업 또는 환경

개인보호구	농작업 또는 환경
눈 보호구 (보안경, 고글, 보안면)	• 공기 중 유해물질이 노출기준을 넘는 농약살포 작업 • 유해광선으로부터 노출되는 용접작업 • 추수 및 곡물사료 운반작업 등 먼지가 많이 발생하는 작업
호흡용 보호구 (방진마스크, 방독마스크, 송기마스크 등)	• 분진등이 많이 발생하는 사일로 또는 곡물 저장소 내에서의 작업 • 농약 저장소 및 농약살포 작업 등 유해가스가 발생하는 작업 • 가축의 분뇨작업, 페인트 도장작업 등 • 산소농도가 18% 미만인 작업환경
안전화 및 보호장화	• 무거운 물건이나 공구를 옮기는 작업 • 발이나 다리에 튀길 수 있는 용융 물질이 있는 작업환경 • 젖은 표면 등으로 인해 미끄럼 사고가 발생될 수 있는 환경 • 사다리에 올라가서 작업할 경우 미끄럼 방지
햇빛차단용 모자 (창이 넓고 목 부분도 보호되는), 작업모, 햇빛차단제	• 너무 많은 햇빛 노출에 의해 발생될 수 있는 화상 및 피부암 등을 방지
불침투성 의복(방호복)	• 독성이 있는 작업장에서의 작업이나 자극성 농약을 살포
장갑 착용 및 보호크림	• 농약살포 작업 등 외부의 유해물질로부터 손을 보호 • 작물 수확 시 가시 등으로부터 손을 보호
안전모	• 시설물 관련작업, 벌목, 기계정비, 기타 머리에 부상을 초래할 수 있는 작업
귀 보호용 보호구	• 곡물 건조기, 구형 트랙터, 체인 톱 등 소음이 많이 발생하는 작업

02 개인보호구를 활용함으로써 얻게 되는 이점 3가지를 쓰시오.

답

정답 ① 농작업 안전관리가 어려운 작업장에서 적은 비용으로 안전하게 관리를 할 수 있다.
② 개인보호구의 사용을 통해서 농작업 관련 사고나 질병을 예방할 수 있다.
③ 개인보호구는 작업자를 보호할 뿐만 아니라 궁극적으로는 작업 생산성을 향상시키는데 도움이 된다
출처 교재 422p

03 피복형 보호구 3가지를 쓰시오.

답

정답 ① 안전화,
② 보호장갑, ③ 보호복
출처 교재 423p

04 개인보호구 활용시 주의사항 3가지를 쓰시오.

답

정답 ① 개인보호구를 착용하여도 보호구에 결함이 있으면 위험요인에 노출될 수 있으므로 사용하기 전에 반드시 결함 및 파손 여부를 확인한다.
② 보호구를 직접 사용하는 사람은 보호구의 성능과 손질방법, 착용방법 등에 대하여 충분한 지식을 가지고 있어야 한다.
③ 위험요인의 노출 수준이 보호구의 성능범위를 넘을 경우에는 활용하지 말아야 한다.
④ 보호구는 유해위험의 영향이나 재해의 정도를 감소시키기 위한 보조장비로 근본적인 해결책이 아니다. 이에 보호구 사용과 더불어 위험요인을 제거하거나 저감하는 노력을 같이 해야 한다.
⑤ 보호구는 아무리 좋은 것이라도 유해원인을 완전히 방호하지 못하는 것임을 명심하고 유해요인의 특성에 따라 사용해야 하며, 보호구만 착용하면 모든 신체적 장애를 막을 수 있다고 생각해서는 안된다.
출처 교재 424~ 425p
참조 2019년 제2회 필기 1차 기출문제

05 개인보호구의 종류를 선택할 때 선택기준(5W1H)을 쓰시오.

정답
① 누가 사용할 것인가(Who)?
② 무엇을 대상으로 사용할 것인가(What)?
③ 어디에 사용할 것인가(Where)?
④ 언제 사용할 것인가(When)?
⑤ 왜 사용하는가(Why)?
⑥ 어떻게 사용할 것인가(How)

출처 교재 426p

보충 개인보호구의 종류를 선택할 때 선택기준(5W1H)

선택기준	내 용
누가 사용할 것인가(Who)?	• 착용할 사람이 작업의 전문가인가 또는 초보자인가, 긴급 또는 임시 작업을 하는 사람 중 누가 사용할 것인가를 결정한다.
무엇을 대상으로 사용할 것인가(What)?	• 가스, 분진, 전기, 화공약품, 추락방지용 등 사용 대상을 확실히 한다.
어디에 사용할 것인가(Where)?	• 밀폐장소, 주상(柱上), 갱내, 지상, 지하, 고소 등 사용 장소를 명확히 한다.
언제 사용할 것인가(When)?	• 근무시간, 야간, 1년 몇 회, 월 몇 회, 주 몇 회 등 사용 시기를 결정한다.
왜 사용하는가(Why)?	• 구급용무를 위해, 평상 작업 시, 돌발업무의 용구로서 등 사용 용도를 결정한다.
어떻게 사용할 것인가(How)?	• 긴급 돌발상황 시 동적인 돌발업무 용구로서 사용할 것인지, 또는 아크용 접시와 같이 정적인 작업의 경우에 사용할 것인지 선택한다.

06 개인보호구가 갖추어야 할 구비조건 3가지를 쓰시오.

답

> **정답** 개인보호구가 갖추어야 할 구비조건 (교재 427p)
> ① 착용이 간편할 것
> ② 사용목적에 적합할 것
> ③ 유해 위험요소의 방호 성능이 충분한 보호구 검정 합격제품을 사용할 것
> ④ 재료의 품질이 양호할 것
> ⑤ 구조와 끝마무리가 양호할 것
> ⑥ 외양과 외관의 디자인이 양호할 것

07 충격위험, 열위험, 화학물질위험으로부터 보호해주는 안면보호구 2가지를 쓰시오.

답

> **정답** ① 고글형 보안경, ② 보안면

보충 안면 보호구의 종류 및 용도(교재429p)

종류	용도
보안경	• 충격위험 – 작업자는 날리는 물질로부터 위험이 있을 때에는 측방 또한 보호할 수 있는 보안경을 사용해야 한다 • 열위험 – 측면을 보호하는 보안경은 열위험으로부터 눈을 보호하는데 1차적인 보호구 (보안면과 병행하여 보안경 사용)이다.
고글형 보안경	• 고글은 눈 주위를 안전하게 밀폐하고 눈 주변에 밀착하여 얼굴에 맞아야 하고, 고글 주위 또는 아래에서 들어오는 이물질 들을 차단되어야 된다. • 충격위험 – 비산하는 조각, 물질, 큰 목편 및 입자 등과 같이 충격 위험으로부터 착용자의 눈을 보호한다. • 열위험 – 눈을 보호하는데 1차적인 보호구이다. • 화학물질 위험 – 다양한 화학물질의 위험으로부터 눈, 얼굴을 보호한다. • 분진위험 – 보안경 주위로부터 유입되는 유해분진을 차단, 환기를 충분하게 하되, 먼지 유입을 잘 차단해야 된다.
보안면	• 충격위험 – 보안경 또는 고글 등과 같이 병행하여 사용한다. • 열위험 – 열로부터 안면전체를 보호한다. • 화학물질 위험 – 고글형 보안경을 추가로 사용해야 하며, 2차 보호구로서 사용
용접용 헬멧	• 광학적 방사능 – 광학적 방사능, 열 및 충격으로부터 눈과 얼굴을 보호하는 2차적인 보호구 – 보안경이나 고글과 같이 1차 보호구에 추가적으로 용접헬멧을 사용

08 고글형 보안경을 착용함으로써 보호할 수 있는 위험 4가지를 쓰시오.

답

> 정답 ① 충격위험, ② 열위험,
> ③ 화학물질위험, ④ 분진위험
> 출처 교재 429p

09 산업안전보건법령상의 차광보안경의 종류 4가지를 쓰시오.

답

> 정답 ① 자외선용, ② 적외선용, ③ 복합용, ④ 용접용
> 출처 보호구 안전인증 고시 별표 10

보충 사용구분에 따른 차광보안경의 종류

종류	사용구분
자외선용	자외선이 발생하는 장소
적외선용	적외선이 발생하는 장소
복합용	자외선 및 적외선이 발생하는 장소
용접용	산소용접작업등과 같이 자외선, 적외선 및 강렬한 가시광선이 발생하는 장소

참조 2019년 제2회 필기 1차 기출문제

10 다음은 용접용 헬멧에 대한 내용이다. ( )안에 알맞은 용어를 쓰시오.

> 용접헬멧은 (①), (②)및 (③)으로부터 눈과 얼굴을 보호하는 2차적인 보호구이다.

답

> 정답 ① 광학적 방사능,
> ② 열, ③ 충격
> 출처 교재 429p

11 일반적으로 안면 보호구가 갖추어야 할 요건과 관리 사항 3가지를 쓰시오.

답

정답 ① 착용하였을 때 가볍고 시야가 넓어서 착용했을 때 편안해야 한다.
② 보안경은 그 모양에 따라 특정한 위험에 대해서 적절한 보호 기능을 할 수 있어야 한다.
③ 보안경은 안경테의 각도와 길이를 조절할 수 있는 것이 더욱 좋고, 착용자가 시력이 나쁜 경우 시력에 맞는 도수렌즈를 지급해야 한다.
④ 안면 보호구만 착용하여 충격으로부터 보호하지 못하는 경우에는 추가적인 보호를 위해 보안경 또는 고글 등과 같이 병행하여 사용한다.
⑤ 외부 환경인자에 잘 견딜 수 있는 내구성이 있어야 한다.
⑥ 견고하게 고정되어 착용자가 움직이더라도 쉽게 벗겨지거나 움직이지 않아야 한다.
⑦ 보안면은 보안경(고글형)과 같이 1차 보호구와 병행하여 사용될 수 있는 구조여야 한다.
⑧ 제품 사용중 렌즈에 홈, 더러움, 깨짐이 있는지 점검하여 손상되었다면 즉시 폐기 처분하고 새것으로 교체해야 한다.
⑨ 제품이 오염된 경우에는 가정용 세척제를 이용하여 세척한 후 다시 사용한다.
⑩ 안경 유리는 굴절이 없는 것을 사용하고 사용 후 반드시 보관함에 넣어 둔다.
출처 교재 430p
참조 2019년 제2회 필기 1차 기출문제

12 다음 보기의 ( )안에 알맞은 단어를 쓰시오.

> 호흡용 보호구는 보호방식과 종류 및 형태에 따라 크게 공기(①)식과 공기(②)식으로 분류될 수 있다.

답

정답 ① 정화, ② 공급
출처 교재 431p

보충 보호방식과 종류 및 형태에 따른 분류

구 분	내 용	종 류
공기 정화식	• 오염공기가 여과재 또는 정화통을 통과한 뒤 호흡기로 흡입되기 전에 오염물질을 제거하는 방식 • 가격이 저렴하며 사용이 간편하여 널리 사용 • 산소농도 18% 미만인 장소나 유해비(노출시간 대비 공기중 오염 물질의 농도)가 높은 경우에는 사용할 수 없으며, 또한 단기간(30분) 노출되었을 시 사망 또는 회복 불가능 상태를 초래할 수 있는 농도 이상에서는 사용불가	• 반면형 면체 (안면부 여과식, 준 보수형, 필터/정화통교환식) • 전면형 면체 • 전동식 호흡보호구 • 방진마스크, 방독마스크
공기 공급식	• 공기 공급환, 공기호스 또는 자급식 공기원을 가진 호흡보호구로부터 유해공기를 분리하여 신선한 공기만을 공급하는 방식 • 외부로부터 신선한 공기를 공급받는 경우이므로 가격이 비쌈 • 산소농도 18% 미만인 장소나 유해비가 높은 경우 사용	• 송기마스크 : 반면형/전면형면체, 후두 혹은 헬멧 • 공기통식 호흡장비 (SCBA)

13 방진마스크의 선정기준 3가지를 쓰시오.

답

정답 ① 분진 포집 효율이 높고 흡기·배기 저항은 낮은 것
② 가볍고 시야가 넓으며 안면 밀착성이 좋아 기밀이 잘 유지되는 것
③ 마스크 내부 호흡에 의한 습기가 발생하지 않는 것
④ 안면 접촉 부위가 땀을 흡수할 수 있는 재질을 사용한 것
출처 교재 434p

14 방진마스크를 안면부 사용 범위에 따라 분류하시오

답

정답 ① 반면형, ② 전면형, ③ 면체 여과식

출처 교재 433p

보충 방진마스크 및 방독마스크의 분류

분류기준			분 류
형 태	방진 마스크	격리식	• 가스 또는 증기 농도가 2%(암모니아 3%) 이하 대기 중에서 사용
		직렬식	• 가스 또는 증기 농도가 1%(암모니아 1.5%) 이하 대기 중에서 사용
		안면부여과식	• 가스 또는 증기 농도가 0.1% 이하 대기 중에서 사용
	방독 마스크	격리식 전면형	• 정화통, 연결관, 흡기밸브, 안면부, 배기밸브 및 머리끈으로 구성 • 정화통에 의해 가스 또는 증기를 여과한 청정공기를 연결관을 통하여 흡입 • 배기는 배기밸브를 통하여 외기 중으로 배출 • 가스 또는 증기의 농도가 2% (암모니아에 있어서는 3%) 이하의 대기 중에서 사용하는 것
		직결식 전면형	• 정화통, 흡기밸브, 안면부, 배기밸브 및 머리끈으로 구성 • 정화통에 의해 가스 또는 증기를 여과한 청정공기를 흡기밸브 통하여 흡입 • 배기는 배기밸브를 통하여 외기 중으로 배출 • 가스 또는 증기의 농도가 1% (암모니아에 있어서는 1.5%) 이하의 대기 중에서 사용하는 것
		직결식 소형반면형	• 정화통, 흡기밸브, 안면부, 배기밸브 및 머리끈으로 구성 • 정화통에 의해 가스 또는 증기를 여과한 청정공기를 흡기밸브를 통하여 흡입 • 배기는 배기밸브를 통하여 외기 중으로 배출 • 가스 또는 증기의 농도가 0.1% 이하의 대기중에서 사용하는 것으로 긴급용이 아닌 것
사용범위	반면형, 전면형, 면체 여과식		

15 방진마스크의 올바른 사용법 3가지를 쓰시오.

답

정답 ① 사용 전에 배기밸브, 흡입밸브의 기능과 공기누설 여부 등을 점검한다.
② 안면부에 완전히 밀착하여 사용해야 한다.
③ 여과재는 건조한 상태에서 사용한다.
④ 접촉부위에 타올을 대고 사용하는 것을 금지한다.
⑤ 안면부여과식 끈은 잘라서 사용하는 것을 금지한다.
⑥ 필터는 수시로 분진을 가볍게 털어 제거해 주고 필터가 습하거나 흡입·배기 저항이 클 때 교체한다.
⑦ 여과재 이면이 더러워지면 필터를 교체한다.
⑧ 방진 발생시 세수 후 붕산수 겉에 발라준다.
⑨ 안면부는 중성세제로 씻고 그늘에서 말려 준다.
⑩ 직사광선을 피하여 보호구 보관함에 보관한다.
⑪ 안면부여과식은 모양이 변경되거나, 호흡이 힘들 때 교체해준다.
⑫ 면 마스크는 분진 마스크 대용으로 활용해서는 안된다.
출처 교재 434p

16 방진마스크의 부품 교환 및 폐기 시 고려사항 3가지를 쓰시오.

답

정답 ① 여과재의 뒷면이 변색 되거나 호흡 시 이상한 냄새를 느끼는 경우
② 여과재의 수축, 파손, 변형이 발생한 경우
③ 흡기 저항이 현저히 상승 또는 분진 포집 효율이 저하가 인정된 경우
④ 머리끈의 탄력성이 떨어지는 등 신축성의 상태가 불량하다고 인정 된 경우
⑤ 면체, 흡기배기, 배기밸브 등의 균열 또는 변형된 경우
출처 교재 435p

17 방독마스크를 사용할 때의 주의 사항이다.(   )안에 알맞은 숫자나 용어를 쓰시오.

> • 산소농도가 (①   ) % 이상인 장소에서 사용하며 (②   )장소에서 사용을 금한다.
> • 유해가스 발생이 (③   ) % 미만 장소에서 사용한다.

답

정답 ① 18, ② 산소결핍, ③ 2
보충 방독마스크 사용시 주의사항
• 유해가스에 알맞은 공기 정화통을 사용한다.
• 충분한 산소(18% 이상)가 있는 장소에서 사용한다.
  (산소농도 18% 미만인 산소결핍 장소에서의 사용을 금한다)
• 유해가스(2% 미만) 발생 장소에서 사용한다.
출처 교재 435p

18 방독마스크의 형태별 종류를 격리식, 직결식, 안면부여과식(직결식 소형)으로 분류할 경우, 안면부여과식(직결식소형)을 사용할 수 있는 대기환경기준을 기술하시오

답

정답 가스 또는 증기 농도가 0.1% 이하 대기 중에서 사용한다.
출처 교재 436p
보충 방독마스크의 종류 및 용도

격리식	직결식	안면부여과식(직결식 소형)
• 가스 또는 증기 농도가 2% (암모니아 3%) 이하 대기 중에서 사용	• 가스 또는 증기 농도가 1% (암모니아 1.5%) 이하 대기 중에서 사용	• 가스 또는 증기 농도가 0.1% 이하 대기 중에서 사용

19 다음은 격리식 전면형 방독마스크에 대한 설명이다. (　　)안에 알맞은 내용을 쓰시오.

> 정화통, 연결관, 흡기밸브, 안면부, 배기밸브 및 머리끈으로 구성되고,(①)에 의해 가스 또는 증기를 여과한 청정공기를 (②)을 통하여 흡입하고 배기는 배기밸브를 통하여 외기 중으로 배출하는 것으로서 가스 또는 증기의 농도가 (③)% (암모니아에 있어서는 3%) 이하의 대기 중에서 사용하는 마스크이다.

답

정답 ① 정화통, ② 연결관, ③ 2
출처 교재 436p

20 방독마스크와 함께 사용하는 정화통 종류별 색상에서 암모니아용 정화통의 색상은 무슨 색인가?

답

정답 녹색

출처 방독마스크와 함께 사용하는 정화통 종류별 색상 (교재 436p)

색 상	종 류
갈 색	유기화합물용 정화통
회 색	할로겐용 정화통, 황화수소용 정화통, 시안화수소용 정화통
노랑색	아황산용 정화
녹 색	암모니아용 정화통
복합용 및 겸용의 정화통	복합용의 경우 : 해당가스 모두 표시(2층 분리) 겸용의 경우: 백색과 해당가스 모두 표시(2층 분리)

21 방독마스크 사용전 확인사항 3가지를 쓰시오.

답

정답 ① 배기밸브, 흡기 밸브의 기능상태
② 유효기간 ③ 가스의 종류와 농도 ④ 정화통의 적합성
출처 교재 437p
보충 방진마스크 사용전 확인사항 : ① 배기밸브, 흡입밸브의 기능 ② 공기누설 여부

22 방독면의 파과시간에 대하여 기술하시오.

정답 정화통 내의 정화제가 제독능력을 상실하여 유해가스를 그대로 통과시키기까지의 시간을 말한다
출처 교재 437p
보충 "파과"란 대응하는 가스에 대하여 정화통 내부의 흡착제가 포화상태가 되어 흡착능력을 상실한 상태를 말한다. (보호구 안전인증 고시 제6장 13조)

23 방독마스크 정화통 교환 또는 폐기시 고려사항 3가지를 쓰시오.

정답
① 제품의 파과시간을 확인한다.
② 유해물질의 고유의 냄새로 확인한다.
③ 냄새가 없는 가스는 제품별 파과곡선을 활용하여 파괴시간을 예측한다.
④ 습기가 정화통 수명을 결정하므로 사용 후 비닐 등에 봉하여 보관한다.
⑤ 방독마스크 본체, 흡, 배기밸브 등이 균열 또는 변형된 경우
출처 교재 437p

24 송기마스크를 사용해야 하는 작업의 특성 3가지를 쓰시오.

정답 ① 산소 결핍(18% 이하)이 우려되는 작업
② 고농도의 분진, 유해물질, 가스 등이 발생하는 작업
③ 작업강도가 높거나 장시간 작업
④ 유해물질 종류와 농도가 불명확한 작업
출처 교재 438p

25 폐력흡인형이나 수동형 송기마스크가 적합하지 않은 장소 2개를 쓰시오

답

> 정답 ① 인근에 오염된 공기가 있는 경우
> ② 위험도가 높은 장소인 경우
> 출처 교재 438p

26 송기마스크를 작동원리에 따라 3가지로 분류하시오

답

> 정답 ① 호스마스크, ② 에어라인마스크, ③ 공기호흡기
> 출처 교재 439p

보충 송기마스크의 종류

종류	특징
호스마스크	대기압의 공기를 이용
에어라인마스크	압축공기를 이용
공기호흡기	산소통 및 공기통을 휴대

27 송기(산소)마스크의 압축공기관내 기름제거용으로 사용되는 것은?

답

> 정답 활성탄
> 출처 교재 439p

28 공기호흡기를 사용해야 하는 장소 3군데를 쓰시오.

답

> 정답 ① 격리된 장소, ② 행동반경이 큰 장소
> ③ 공기의 공급 장소가 멀리 떨어진 장소
> 출처 교재 439p

29 다음 보기에 맞는 호흡용 보호구를 순서대로 쓰시오.

> ① 4시간 동안의 농산물저장고 청소작업
> ② 먼지가 많이 나는 창고에서의 작업
> ③ 암모니아 냄새가 나는 축사에서의 일시적인 작업
> ④ 어떤 유해물질이 있는지 알지 못하는 축사에서 장시간 작업

답

정답 ① 산소마스크 ② 방진마스크
③ 방독마스크 ④ 산소마스크
출처 교재 438p

보충 방독마스크와 송기마스크의 용도

방독마스크	송기마스크
• 충분한 산소(18% 이상)가 있는 장소 • 유해가스(2% 미만) 발생 장소	• 산소 결핍(18% 이하)이 우려되는 작업 • 고농도의 분진, 유해물질, 가스 등이 발생하는 작업 • 유해물질 종류와 농도가 불명확한 작업 • 작업강도가 높거나 장시간 작업 • 유해가스 농도 2%(암모니아 3%) 이상인 장소

30 호흡용 보호구를 착용하고 작업 중 즉시대피해야 하는 이상상태 2가지 경우를 쓰시오

답

정답 ① 송출량 감소한 경우
② 가스 또는 기름냄새 있을 경우
출처 교재 440p

31 다음 보기의 내용이 설명하는 호흡용 보호구는?

- 압축공기를 충전시킨 소형 고압공기용기를 사용하여 고농도 분진, 유독가스, 증기 발생작업 등의 작업에서 공기를 공급함으로써 산소결핍으로 인한 위험 방지용으로 사용한다.
- 고농도(2% 이상)유해물질 취급장소, 산소결핍(18% 이하) 장소 등에서 사용된다.

답

정답 자가공기호흡기(SCBA-Self Contained Breathing Apparatus)
출처 교재 440p

32 안전화 및 보호장화의 착용목적 2가지를 쓰시오.

답

정답 ① 물체의 낙하, 충격 또는 날카로운 물체로 인한 물리적 위험이나 화학물질 등으로부터 발을 보호한다.
② 감전 또는 정전기의 인체대전(帶電 : 인체에 전기가 흐르는 것)을 방지한다.
출처 교재 441p

33 다음 보기의 ( )안에 알맞은 용어를 쓰시오.

- 일반적으로 ( )이 있는 구두를 안전화라고 하고, 주위환경 및 사용목적에 따라 장화형태의 보호장화가 있다.

답

정답 강재 선심
출처 교재 441p

34 가죽제 안전화의 주요 기능 2가지를 쓰시오.

답

> 정답 ① 물체의 낙하충격에 의한 위험방지
> ② 날카로운 것에 대한 찔림방지

보충 **안전화 및 보호장화의 종류** (교재 442p)

종 류	기 능
가죽제 안전화	물체의 낙하충격에 의한 위험방지 및 날카로운 것에 대한 찔림방지
고무제안전화 (보호장화)	기본 기능 및 방수, 내화학성 기능의 안전화 또는 보호장화
정전화	기본기능 및 정전기의 인체 대전방지
절연화 및 절연장화	기본기능 및 감전방지

35 다음 보기의 내용이 설명하는 안전화의 종류는?

> (①) : 물체의 낙하, 충격 또는 날카로운 물체에 의한 찔림 위험으로부터 발을 보호하고 저압의 전기에 의한 감전을 방지하기 위한 것
> (②) : 물체의 낙하, 충격 또는 날카로운 물체에 의한 찔림 위험으로부터 발을 보호하고 내수성을 겸한 것

답

> 정답 ① 절연화 ② 고무제 안전화

출처 보호구 안전인증 고시 별표 2

종 류	성 능 구 분
가죽제안전화	• 물체의 낙하, 충격 또는 날카로운 물체에 의한 찔림 위험으로 부터 발을 보호
고무제안전화	② 번 참조
정전기안전화	• 물체의 낙하, 충격 또는 날카로운 물체에 의한 찔림 위험으로 부터 발을 보호 • 정전기의 인체대전을 방지
발등 안전화	• 물체의 낙하, 충격 또는 날카로운 물체에 의한 찔림 위험으로 부터 발 및 발등을 보호
절 연 화	① 번 참조
절연장화	• 고압에 의한 감전을 방지 및 방수를 겸한 것
화학물질용 안전화	• 물체의 낙하, 충격 또는 날카로운 물체에 의한 찔림 위험으로 부터 발을 보호 • 화학물질로부터 유해위험을 방지

36 경작업용 안전화가 사용되는 작업장 3개를 쓰시오.

정답 ① 수확물 선별작업, ② 포장 및 제품조립, ③ 화학품 선별, ④ 반응 장치운전, ⑤ 식품 가공업 등 비교적 경량의 물체를 취급하는 작업장

출처 교재 442P

보충 안전화의 등급

구 분	내 용
중작업용	① 공구, 기계 및 시설 장비 사용, ② 목재 등의 원료취급, ③ 건축을 위한 강재취급및 강재운반, ④ 수확물 등의 중량물 운반작업, ⑤ 가공 대상물의 중량이 큰 물체를 취급하는 작업장
보통 작업용	① 기계 및 가공품을 손으로 취급하는 작업 및 차량 사업장, ② 기계등을 운전 조작하는 일반 작업장
경작업용	① 수확물 선별작업, ② 포장 및 제품조립, ③ 화학품 선별, ④ 반응 장치운전, ⑤ 식품 가공업 등 비교적 경량의 물체를 취급하는 작업장

37 안전화 및 보호장화의 선정 방법 3가지를 쓰시오.

정답 ① 작업 내용이나 목적에 적합할 것
② 가벼운 것
③ 땀 발산 효과가 있는 것
④ 디자인이나 색상이 좋은 것
⑤ 바닥이 미끄러운 곳에는 창의 마찰력이 큰 것
⑥ 발에 맞는 것
⑦ 목이 긴 안전화는 신고 벗는데 편하도록 된 구조가 된 것(예: 지퍼 등)

출처 교재 442P

38 안전화 및 보호장화의 관리방법 2가지를 쓰시오.

답

정답
① 우레탄 소재(Pu) 안전화는 고무에 비해 열과 기름에 약하므로 기름을 취급하거나 고열 등 화기취급 작업장에서는 사용을 피할 것
② 정전화를 신고 충전부에 접촉을 금지할 것
③ 끈을 단단히 매고 꺾어 신지말 것
출처 교재 443P

39 닭, 돼지 등의 축산과 관련된 작업(접종 등)시 보호복이 필요한 유해요인은?

답

정답 인수공통감염병

출처 보호복이 필요한 작업과 관련 농작업 유해요인 (교재 443p)

구 분	유해 요인
농약 살포 전·중·후 작업	농약노출
노지 및 시설하우스에서의 일반적인 농작업	온열 및 저온에 의한 스트레스(여름, 겨울)
농기계 관련 작업, 선별 작업 등	공구, 기계 및 시설, 자재와의 충돌, 절단 등의 위험요인
닭, 돼지 등의 축산과 관련된 작업(접종 등)	인수공통 감염병 등

40 보호복의 소재 및 용도에 관한 내용이다. ( )안에 알맞은 용어를 쓰시오.

소 재	용 도
(①)	• 1회용으로써 분진이나 튀는 액체로부터의 보호를 위한 것이다.
(②)	• 온도가 변하는 작업장에 잘 맞으며, 내화성이 있고 편안하다. • 분진, 마찰 및 거칠거나 자극적인 표면으로부터 보호해준다.
(③)	• 면밀하게 직조된 면직물이 근로자들에게 무겁거나 날카롭거나 거친 자재를 다룰 때 절단이나 타박상으로부터 보호해준다.
고무, 고무 처리된 직물, 네오프렌 및 플라스틱	• 특정 산이나 기타 화학물질로부터 보호해준다

답

정답 ① 부직포 섬유, ② 가공처리된 모나면, ③ 두꺼운 즈크 면
출처 교재 444p

41 농작업에서 보호장갑이 필요한 작업 3가지를 쓰시오.

답

정답
① 농약의 혼합과정 시
② 농약 살포 과정 시
③ 농약 살포 기계의 수리와 관리 시
④ 농약의 유출 시

출처 교재 447P

42 보호장갑의 재료에 따른 장갑중 합성물질 장갑의 특징을 2개 기술하시오.

답

정답 ① 다른 합성 섬유로 장갑을 만들어 고온과 냉기로부터의 보호를 제공하고 있다.
② 극심한 온도에 대한 보호 이외에, 다른 합성 물질로 만들어진 장갑은 쉽게 절단되거나 벗겨지지 않고 희석된 산에 대해서도 견딜 수가 있다.
③ 이러한 자재들은 알칼리와 용제에는 견디지 못한다.

출처 교재 448P

보충 보호장갑의 재료에 따른 종류와 특성

종류	특성
합성물질	정답 참조
가죽장갑	• 스파크, 고온, 강풍, 칩스(Chips) 및 거친 물체로부터 보호함 • 특히 용접공에게는 견고한 고품질의 가죽 장갑이 필요함
알루미늄 장갑	• 주로 용접, 용강로, 주조 작업 등에 사용되는데, 고온으로부터 반사 및 절연 보호를 제공하기 때문임 • 고온과 냉기로부터 보호해주는 합성 물질로 된 삽입물이 필요함
합성 폴리아미드장갑	• 고온과 냉기로부터 보호해 주는 합성 물질임 • 장갑이 쉽게 절단되거나 벗겨지지 않고 쉽게 낄 수 있는 특성을 지님

43 알루미늄 장갑이 주로 용접, 용강로, 주조 작업 등에 사용되는 이유를 기술하시오.

답 _____

> 정답 알루미늄 장갑이 고온으로부터 반사 및 절연 보호를 제공하기 때문이다.
> 출처 교재 448p

44 다음 보기의 ( )안에 알맞은 보호장갑 종류를 쓰시오.

> 1. 일반작업용 (①) : 절상, 마찰, 화상 등을 방지
> 2. (②) : 주로 약품을 취급할 때 사용
> 3. (③) : 날카로운 공구를 다룰 때 사용

답 _____

> 정답 ① 면장갑,
> ② 고무장갑,
> ③ 금속맷귀 장갑
> 출처 교재 448p

보충 사용하는 환경조건에 따른 보호장갑의 구분
- 일반작업용 면장갑 : 절상, 마찰, 화상 등을 방지
- 고무장갑 : 주로 약품을 취급할 때 사용
- 방열장갑 : 쇳물 교체 작업등에서 고온, 고열을 막아줌
- 전기용 고무장갑 : 감전으로부터 작업자 보호
- 금속맷귀 장갑 : 날카로운 공구를 다룰 때 사용
- 산업위생 보호장갑 : 화학물질이나 유기용제 취급 시

참조 2019년 제2회 필기1차 기출문제

45 다음 보기의 (   )안에 알맞은 보호장갑 용어를 쓰시오.

> - (①) 고무장갑 : 질산, 황산, 불화수소산, 적색 연무 질산, 로켓연료 및 과산화물로부터 손을 보호한다.
> - (②) 장갑 : 유연성, 손가락의 민첩성, 고밀도 및 내마멸성을 가지고 있어 수압 액체, 가솔린, 알코올, 유기산 및 알칼리로부터 작업자의 손을 보호한다.
> - (③) 장갑 : 3염화에틸렌과 과염화에틸렌과 같은 염화 용제에 강하며, 민첩성과 민감성을 요구하는 작업을 위한 것으로 기타 다른 장갑에 비해 유해물질의 장기적인 노출에도 강하다.

답

정답 ① 부틸, ② 네오프렌, ③ 질소

보충 보호장갑의 선정 및 관리방법 (교재 449 ~ 450p)

종류		특징
직물 장갑		• 분진, 섬유 조각 및 찰과상으로부터 손을 보호해준다. • 이 장갑은 충분한 보호는 안되지만, 거칠거나 날카롭거나 무거운 물건을 다룰 때 사용 가능하다. • 직물 장갑에 플라스틱 코팅을 하면 직물 장갑이 강화되며, 다양한 작업에 효과적으로 사용할 수 있다.
코팅 직물 장갑		• 한쪽면은 플라넬로 되어 있으며 다른 쪽면은 플라스틱으로 코팅되어 미끄럼 방지가 되는 손 보호장갑이다. • 이 장갑은 벽돌 작업이나 와이어 로프 작업부터 실험실에서의 화학약품 용기를 다루는 다양한 작업 등에 사용한다.
화학약품 및 액체에 견디는 장갑	부틸 고무장갑	• 질산, 황산, 불화수소산, 적색 연무 질산, 로켓 연료 및 과산화물로부터 손을 보호한다. • 가스, 화학약품 및 수증기에 대해 고도의 불침투성인 부틸 고무 장갑은 산화작용과 오본 부식으로부터 작업자의 손을 보호한다.
	라텍스 고무장갑	• 라텍스 장갑은 보호 품질뿐 아니라 편안한 착용감과 유연성으로 대중적인 다목적 장갑이다. • 사포질, 연마 및 광택 작업에 의해서 발생하는 내마찰력 이외에 대부분의 산용액, 알칼리 용약, 소금 및 케톤으로부터 작업자의 손을 보호한다.
	네오프렌 장갑	• 유연성, 손가락의 민첩성, 고밀도 및 내마멸성을 가지고 있어 수압 액체, 가솔린, 알코올, 유기산 및 알칼리로부터 작업자의 손을 보호한다.
	질소 고무장갑	• 3염화에틸렌과 과염화에틸렌과 같은 염화 용제에 강하다. • 민첩성과 민감성을 요구하는 작업을 위한 것으로 기타 다른 장갑에 비해 유해물질의 장기적인 노출에도 강하다.

46 오일, 그리스, 용제 및 기타 화학약품과의 접촉으로 인해 발생하는 화상, 자극 및 피부염으로부터 손을 보호하고, 혈액이나 기타 잠재성 감염 물질에 대한 노출 위험도 줄여주는 장갑 재질 종류 3가지를 쓰시오.

답

정답 ① 고무(라텍스, 리트릴 또는 부틸), ② 플라스틱, ③ 네오프렌
출처 교재 449p

47 AE 등급 안전모의 주요 용도 2가지를 쓰시오.

답

정답 ① 낙하, ② 절연
출처 교재 451p

보충 안전모 등급 및 용도

등급	용도
A등급 (낙하)	• 일반 작업용이며 떨어지거나 날아오는 물체에 맞을 위험을 방지 또는 경감 • 이러한 모자는 충격의 위험이 있는 벌채 작업 등에 이용 • 의무안전인증기준대상이 아님
B등급 (추락)	• 추락시 위험을 방지 또는 경감 (2m 이상의 고상작업 등에서 추락 등)
E등급 (절연)	• 감전 위험 방지 (내전압성: 7,000볼트 이하의 전압에 견딤)
AB 등급	• 낙하, 추락
AE 등급	• 낙하, 절연
ABE 등급	• 낙하, 추락, 절연

48 안전모의 시험성능 기준 3가지를 쓰시오.

답

> **정답** ① 내관통성, ② 충격흡수성, ③ 내전압성,
> ④ 내수성, ⑤ 난연성, ⑥ 턱끈풀림
> **출처** 보호구 안전인증 고시 별표 1

보충 안전모의 시험성능기준

항 목	시 험 성 능 기 준
내관통성	AE, ABE종 안전모는 관통거리가 9.5㎜ 이하이고, AB종 안전모는 관통거리가 11.1㎜이하이어야 한다.
충격흡수성	최고전달충격력이 4,450N을 초과해서는 안되며, 모체와 착장체의 기능이 상실되지 않아야 한다.
내전압성	AE, ABE종 안전모는 교류 20kV 에서 1분간 절연파괴 없이 견뎌야 하고, 이때 누설되는 충전전류는 10mA 이하이어야 한다.
내 수 성	AE, ABE종 안전모는 질량증가율이 1% 미만이어야 한다.
난 연 성	모체가 불꽃을 내며 5초 이상 연소되지 않아야 한다.
턱끈풀림	150N 이상 250N 이하에서 턱끈이 풀려야 한다.

49 농장에서 착용하는 안전모의 관리방법 3가지를 쓰시오.

답

> **정답** ① 순한 비누와 물로 내부의 현수 장치를 잘 닦아준다
> ② 똑바로 현수되도록 현수 장치를 잘 조정한다.
> ③ 모자 외각과 현수 장치 사이에 물건을 보관하면 안된다.
> ④ 사용이 허가된 안감이 아닌 경우에는 절대 모자 안에 넣어 사용하지 않는다.
> ⑤ 외각이 부스러지거나 색이 바래거나 딱딱한 경우에는 새것으로 교체한다.
> ⑥ 외각을 수리하거나 페인트를 칠하면 전기 전도 능력이나 강도에 영향을 주거나 흠을 가릴 위험이 있으므로 주의한다.
> ⑦ 손상된 안전모는 방호 능력이 있다고 생각되는 경우라도 폐기한다.
> ⑧ 극도로 높거나 낮은 온도에 노출되거나 화학약품이나 일광이 지속적으로 노출되는 모자의 경우에는 2년에 한 번씩 교체한다.
> **출처** 교재 451p

제3장 응급처치

01 다음은 응급처치의 개념이다. (   )안에 알맞은 용어를 쓰시오.

> 응급의료행위의 하나로써 응급환자에게 행하여지는 (①), (②), 기타 생명의 위험이나 증상의 현저한 악화를 방지하기 위하여 수행하는 처치를 의미한다.

답

정답 ① 기도의 확보, ② 심장박동의 회복
출처 교재 453p

보충 응급처치의 개념, 목적, 필요성

구 분	내 용
개 념	① 기도의 확보, ② 심장박동의 회복, ③ 기타 생명의 위험이나 증상의 현저한 악화를 방지
목 적	① 응급환자가 전문적인 의료서비스를 받기 전까지 받는 즉각적이고 적절한 처치를 말한다. ② 통증을 감소시키며 손상의 악화를 방지하여 장애를 경감시킨다. ③ 응급환자의 가치 있는 삶을 영위할 수 있도록 회복을 돕는다.
필요성	① 환자의 괴로움과 아픔을 최대한으로 덜어준다. ② 전문적인 의료서비스를 통해 환자를 치료할 때 쉽고 편리하게 한다.

02 선한 사마리안법 (Good Sammaritan Law)이 적용되는 경우 3가지를 쓰시오.

답

정답 ① 위급한 상황에서 응급처치 행위를 할 때
② 올바른 신념에 따라 좋은 의도로 응급처치를 행할 때
③ 보상이나 대가를 바라지 않을 때
④ 부상자에게 지나친 과실을 범하지 않고 합리적인 응급처치를 할 때
출처 교재 454p

03 응급의료에 관한 법률에서 고의 또는 중대한 과실이 없는 '선의의 응급의료에 대한 면책' (제5조의2) 조항에 의할 경우, 민사책임 및 형사책임에 대하여 기술하시오.

📝 답

정답 민사책임과 상해에 대한 형사책임을 지지 않으며 사망에 대한 형사책임은 감면한다.
출처 교재 455p

04 다음 ( )안에 알맞은 숫자를 쓰시오.

> 병원밖 심정지환자의 생존율은 (①)%정도에 불과하지만, 심정지환자를 발견한 목격자가 즉시 심폐소생술을 시작하면 생존율이 (②)배 정도 높아진다.

📝 답

정답 ① 5, ② 2~3
출처 교재 455p

05 다음은 생물학적 사망에 대한 설명이다. ( )안에 알맞은 용어를 쓰시오.

> 심정지가 발생한 후부터 (①)분이 경과하여 (②)가 (③)으로 손상된 상태를 말한다.

📝 답

정답 ① 4~6, ② 대뇌, ③ 비가역적

보충 임상적 사망과 생물학적 사망 (교재 456p)

구 분	내 용
임상적 사망	• 심정지가 발생한 직후부터 호흡, 순환, 뇌 기능이 정지된 상태를 말한다. • 혈액순환이 회복되면 심정지 이전의 중추신경 기능을 회복할 수 있는 상태를 의미한다.
생물학적 사망	• 심정지가 발생한 후부터 4~6분이 경과하여 신체 내 대부분의 세포가 다시는 기능을 회복할 수 없는 비가역적 손상을 받는 상태를 말한다. • 뇌 이외 장기의 기능은 유지되고 있으나 대뇌가 비가역적으로 손상되어 뇌사(Brain death)라고 한다. • 다만, 순환정지가 발생하더라도 비가역적 손상이 발생하기 전에 조직을 재관류시키면 대부분의 조직이 기능을 되찾을 수 있다.

06 심정지 환자를 소생시키기 위해서는 5개의 응급처치가 연속적으로 시행되어야 하며, 이 과정을 "생존 사슬"이라 한다. 생존사슬 5단계 과정을 쓰시오.

답

정답 ① 심정지 예방과 조기발견 – ② 신속한 신고 – ③ 신속한 심폐소생술 – ④ 신속한 제세동 – ⑤ 효과적 전문소생술 및 심정지 후 치료
출처 교재 457p

07 심폐소생술 시행방법 5단계 과정을 쓰시오.

답

정답 ① 반응의 확인 및 119 신고 – ② 호흡확인 및 가슴압박 30회 시행 (자동제세동기 사용) – ③ 기도 유지(기도개방) – ④ 인공호흡 2회 시행 – ⑤ 가슴 압박과 인공호흡 반복
출처 교재 458p
보충 한국 심폐소생술지침 기본 소생술 순서 (C-A-B)
　　　가슴압박(chest compression: C) – 기도 개방(airway: A) – 인공호흡(breathing: B)으로 정함
참조 2019년 제2회 필기 1차 기출문제

08 기도개방 방법을 기술 하시오

답

정답 한 손으로 환자의 머리를 젖히고 다른 손으로 턱을 들어 올려 기도를 개방시킨다.
출처 교재 458p

09 자동제세동기의 원칙이다. (   )안에 알맞은 용어를 쓰시오.

(①) - 인공호흡 시행 - (②) - 제세동 시행

답

정답 ① 기도개방, ② 가슴압박 시행
출처 교재 459p

보충 심폐소생술 순서 (C - A - B)
심정지 확인 - 도움요청, 119신고 및 자동제세동기(AED) - 가슴압박(30회 시행) - 기도개방 - 인공호흡(2회 시행) - 가슴압박과 인공호흡(30:2)의 비율로 5회 시행후 교대 - 회복자세

10 자동제세동기 (AED)의 중요성에 대한 설명이다. (   )안에 알맞은 용어를 쓰시오.

- 갑자기 발생한 성인 심정지의 가장 흔한 초기 리듬은 (①)이며, 근본적인 치료방법은 제세동이 유일하다.
- 제세동까지 걸린 시간이 (②)에 중요한 요소이다.

답

정답 ① 심실세동, ② 생존율
출처 교재 459p

보충 자동제세동기 (AED)의 중요성
① 갑자기 발생한 성인 심정지의 가장 흔한 초기 리듬은 심실세동이다.
② 심실세동의 근본적인 치료방법은 제세동이 유일
③ 기본 생명소생술만으로는 심실세동이 정상리듬으로 바뀌기 어려움
④ 제세동까지 걸린 시간이 생존율에 중요한 요소
⑤ 심실세동은 수 분 이내에 무수축으로 진행(사망을 의미)

11 자동제세동기의 분석대상환자를 기술하시오.

답

정답 무의식, 무호흡, 무맥박이 확인된 환자에게만 분석을 시작한다.
출처 교재 459p

12 자동제세동기의 패드1 및 패드2의 부착 위치를 쓰시오.

답

> **정답** 패드 1 : 오른쪽 빗장뼈(쇄골) 바로 아래
> 패드 2 : 왼쪽 젖꼭지 옆 겨드랑이
> **출처** 교재 460p

13 기도폐쇄의 해부학적 원인 2가지를 기술하시오.

답

> **정답** ① 혀나 부풀어 오른 조직과 후두에 의해 기도가 차단될 때 발생한다. 이러한 기도폐쇄는 목의 부상이나 과민성 충격과 같은 의학적 응급상태에서 발생된다.
> ② 혀에 의한 것으로 환자가 의식을 잃으면서 혀 및 근육이 이완되어 후두의 뒤쪽을 막아 기도가 차단되는 것이다.
> **출처** 교재 461p
> **보충** 물리적인 폐쇄
> 음식물이나 구토물, 혈액, 점액 등의 이물질에 의해서 기도가 차단되는 것을 말하며 주로 소아나 고령자에서 많이 발생한다.

14 완전기도폐쇄시의 주요 특징 2가지를 쓰시오.

답

> **정답** ① 말을 하지 못한다.
> ② 한손 또는 양쪽 손으로 목을 쥔다(촉킹-싸인 : chocking-sign)
> ③ 얼굴등에 청색증이 나타난다.
> ④ 공기를 불어 넣어도 들어가지 않는다.
> **출처** 완전기도폐쇄와 부분기도폐쇄 (교재 462p)

완전기도폐쇄	부분기도폐쇄
• 기도가 완전히 막히면 말을 하지 못한다.	• 기침을 할 수 없다.
• 한손 또는 양쪽 손으로 목을 쥔다.	• 말을 할 수 없다.
• 얼굴 등에 청색증이 나타난다.	• 매우 안절부절하는 행동을 나타낸다.
• 공기를 불어 넣어도 들어가지 않는다.	• 얼굴과 입술이 파랗게 변하지는 않는다.

15 다음은 기도 폐쇄시의 치료방법이다. (   )안에 알맞은 용어를 쓰시오.

- 기도폐쇄 증상이 나타나면 즉시 119에 연락하며, 의식이 없는 환자는 (①)을 실시한다.
- 의식이 있는 환자에서 만약 완전한 기도 폐쇄로 인해 말을 하거나 숨을 쉴 수 없다면, (②)으로 생명을 구할 수 있다.
- 임산부이거나 복부비만인 사람에게는 (③)을 시행한다.

답

> **정답** ① 심폐소생술, ② 하임리히 요법, ③ 가슴압박법
> **출처** 교재 462 ~ 463

보충 하임리히법(복부밀쳐올리기법)과 가슴압박법

하임리히법(복부밀쳐올리기법)	가슴압박법
① 환자를 뒤에서 안는다. ② 환자의 상복부(검상돌기와 배꼽 사이)에 주먹 쥔 손을 둔다. ③ 다른 손으로 주먹을 감싼다. ④ 복부를 후상방으로 강하게 밀쳐 올린다. ⑤ 한번으로 나오지 않으면 반복해서 시행한다.	① 임산부이거나 복부비만인 사람에게는 하임리히법이 불가능하다. ② 비슷한 자세에서 손을 환자의 상복부가 아닌 흉부(유두선 중앙)에 둔다. ③ 압박을 후상방이 아닌 후방으로만 주는 가슴압박법을 시행하여 이물질의 배출을 유도한다.

16 저혈당의 주요 원인 3가지를 쓰시오.

답

> **정답** ① 충분한 양의 음식을 섭취하지 않은 경우
> ② 식사를 거르거나 식사시간이 늦어진 경우
> ③ 많은 양의 인슐린이나 당뇨병 약제를 복용한 경우
> ④ 평상시 보다 운동을 많이 했거나, 활동량이 많은 경우
> ⑤ 음식을 먹지 않고 알코올을 섭취한 경우
> **출처** 교재 464p

17 중등증 저혈당환자에 대한 설명이다. (   )안에 알맞은 용어를 쓰시오.

- (①)증상과 (②)증상이 있으면서 스스로 대처할 수 있는 상태

답

정답 ① 자율신경 항진,
② 신경당결핍
출처 교재 464P

보충 **저혈당의 증상**

구 분		증 상
경증 저혈당	자율신경 항진 증상이 있으며 <u>스스로 대처할 수 있는 상태</u>	• 급작스런 공복감 • 눈앞이 흐릿해짐 • 땀이 남 • 나른함 • 피곤함 • 두 통 • 소 름 • 어지러움 • 맥박이 빨라지고 가슴 두근거림 • 신경이 예민해지거나 흥분됨 • 입이나 입술주위가 무감각해지거나 따끔거림
중등증 저혈당	자율신경 항진 증상과 신경당 결핍 증상이 있으면서 <u>스스로 대처할 수 있는 상태</u>	• 성격변화 • 성급해짐 • 혼 미 • 집중력저하 • 근육운동협조불량 • 불명료하거나 느린 언어
중증 저혈당	다른 사람의 도움이 반드시 필요한 상태로 의식 소실이 될 수도 있는 상태	• 중증 저혈당의 경우 응급처치가 필요

18 관절의 손상에 의해서 양측 골단면의 접촉상태에 균형이 깨진 상태를 무엇이라고 하는가?

답

> **정답** 탈구
> **출처** 교재 469p

보충 외상의 유형

구 분	의 의
골 절	• 골격의 연속성이 비정상적으로 소실된 상태
탈 구	• 관절의 손상에 의해서 양측 골단면의 접촉상태에 균형이 깨진 상태
염 좌	• 골격계를 지지하는 인대 일부가 늘어나거나 파열되어 관절에 부분 또는 일시적인 전위를 일으키는 손상
개방성 상처	• 피부가 찢어져 피가 나는 상처
폐쇄성(타박상) 상처	• 둔탁한 물체가 내려치면 피부 밑의 모세혈관이 파열되어 폐쇄된 공간에 출혈이 일어난 상처

19 염좌시 응급처치요령인 RICE(안 - 냉 - 압 - 올)의 각 알파벳이 의미하는 내용을 기술하시오.

답

> **정답**
> • Rest(안정) : 다친 부위를 쉬게 하며 움직이지 않도록 한다.
> • Ice(얼음찜질) : 즉시 얼음찜질을 해 주고, 피부가 마비되는 20~30초 후 얼음주머니를 치우는 것이 효과적이며 혈관을 수축시켜 부종과 염증을 줄이고, 통증과 근육 경련을 줄인다.
> • Compression(압박) : 압박 붕대를 감아서 운동을 제한하고 부종을 억제한다.
> • Elevation(올림) : 다친 부위를 심장보다 높게 올려 준다.
> **출처** 교재 469p

20 다음 보기의 ( )안에 알맞은 용어를 순서대로 쓰시오.

- (①) : 보통 미끄러지거나 넘어지는 것이 원인으로 피부나 점막이 심하게 마찰되던가 몹시 긁힘으로써 생긴 상처
- (②) : 종이에 베이거나 수술시 절개 부위와 비슷한 상처로, 보통 가장자리가 매끄럽고 상처의 깊이, 위치, 크기에 따라 출혈량이 다름
- (③) : 칼이나 날카로운 물건의 끝으로 입는 상처
  ▶ (④) : 혈관이 똑바르게 잘라져 많은 출혈 발생과 힘줄이나 신경에 상처의 가능성 있음
  ▶ (⑤) : 찌그러지거나 갈기갈기 찢겨지는 힘에 의해서 생기며, 단순열상보다 출혈량은 적지만, 조직에 깊은 상처를 입힐 수도 있고 균에 감염될 가능성이 높음
- (⑥) : 못, 바늘, 철사 등에 찔리거나, 조직을 뚫고 지나간 상처
- (⑦) : 살이 찢겨져 떨어진 상태로 늘어진 살점이 상처부위에 붙어 있기도 하고 완전히 떨어져 나가기도 하는 상처
- (⑧) : 발가락, 손, 발, 팔, 다리 등 신체 사지의 일부분이 잘려 나간 경우

답

> **정답** ① 찰과상, ② 절상, ③ 열상, ④ 단순열상, ⑤ 복합열상, ⑥ 자상, ⑦ 결출상, ⑧ 절단상
> **출처** 교재 469p

21 절단상 시 접합수술이 가능하도록 하기 위한 응급조치 요령을 기술하시오.

답

정답 ① 절단된 부위를 깨끗한 물로 씻어 이물질 제거 및 문지르지 않는다.
② 절단된 부위를 거즈 등의 청결한 천으로 두툼하게 대어 직접 압박을 통한 지혈과 절단부위를 심장보다 높게 올린다.
③ 4~6시간 이내에 접합수술이 가능하도록 절단 부위를 잘 보관하여 신속히 병원으로 이송한다.
④ 쇼크에 대비한다.
⑤ 피부와 연결되어 있는 부분(힘줄, 몸에 간신히 붙어 있는 부분)은 절단하지 않아야 한다.
⑥ 절단된 부분은 깨끗한 물로 씻어서 소독된 마른 거즈나 깨끗한 천에 싸서 젖지 않도록 비닐 주머니에 넣어 봉한 후 얼음 위에 보관
⑦ 동상이 생긴 피부는 접합을 할 수 없으므로 얼음 속에 묻지 않으며, 얼음에 직접 닿지 않게 한다.
출처 교재 472p

22 외상시 추가손상방지를 위한 응급조치 3가지를 쓰시오.

답

정답 ① 흐르는 물에 세척, ② 부목 고정, ③ 붕대 감기
출처 교재 472p

보충 외상 응급처치의 기본 원칙
- 외부 이물질의 접촉 차단 : 드레싱, 붕대 감기
- 압박을 통한 지혈 : 직접 지혈, 간접 지혈, 지혈대
- 추가 손상 방지 : 흐르는 물에 세척, 부목 고정, 붕대 감기

23 외상 응급조치 중 드레싱의 목적을 기술하시오

답

정답 상처부위를 외부와 차단시켜 감염 예방과 출혈을 억제하기 위한 처치이다.
출처 교재 472p

24 외상 응급조치 중 붕대감기에 대하여 설명하시오

답

정답 드레싱을 고정, 지혈, 팔다리 고정, 부종 완화 등을 위한 처치이다.
출처 교재 473p

25 농약이 입에 들어갔을 때 조치사항을 쓰시오.

답

> 정답 ① 깨끗한 물로 헹궈낸다.
> ② 물을 마시고 토해낸다.
> ③ 흡착제를 먹는다.
> 출처 교재 476p

26 농약이 입에 들어갔을 때 몸으로 흡수가 안되도록 먹는 흡착제 3가지를 쓰시오.

답

> 정답 ① 활성탄, ② 아드솔빈, ③ 목초액
> 출처 교재 476p

보충 농약이 입에 들어갔을때와 들이 마셨을 때 응급조치

입에 들어갔을 때	들이 마셨을 때
• 깨끗한 물로 헹궈낸다. ▶ 입에 묻었거나 입안으로 들어갔으면 즉시 물로 양치를 한다.	• 일단 들이마신 농약을 토해낸다. ▶ 물이나 식염수를 2~3잔 마시게 한 다음 손가락을 넣어서 토하게 한다.
• 물을 마시고 토해낸다. ▶농약을 마셨을 때는 물이나 식염수를 2~3잔 마시게 한 다음 손가락을 넣어서 토하게 한다. ▶ 내용물이 나오지 않을 때까지 반복한다.	• 옷을 헐겁게 하고 심호흡을 시킨다. ▶ 즉시 신선한 공기가 있는 곳으로 옮기고 옷을 헐겁게 풀어 놓은 다음 심호흡을 시킨다. ▶ 중독자가 움직이지 않도록 하며, 보온에 주의한다. ▶ 호흡이 약하고 침이 많이 고였을 때는 중독자를 엎어서 뉘여 놓고 머리를 옆으로 돌려준다.
• 흡착제를 먹는다. ▶ 토하게 한 다음 장으로 들어간 농약이 흡수가 안되도록 흡착제 (활성탄, 아드솔빈, 목초액 등)를 30그램 정도를 복용한다.	• 숨을 안 쉴 때는 인공호흡을 한다. ▶ 호흡이 멈췄을때는 인공호흡이 필요하다. ▶ 우선 반듯하게 눕히고 입안에 고여있는 침을 닦는다. ▶ 턱을 들어올린 후 가슴을 수평이 되도록 만든 다음 숨이 새어나가지 않도록 코를 잡고 입으로 숨을 불어 넣어 준다.

제5편 농작업 안전보건 법규

제1장 농업인 안전보건 관련법

01 「농어업인 삶의 질 향상 및 농어촌지역 개발촉진에 관한 특별법령」상 5년마다 실시하는 복지실태조사에 포함되어야 하는 사항 3가지를 쓰시오.

답

정답
① 농어업인등의 복지실태
② 농어업인등에 대한 사회안전망 확충 현황
③ 고령 농어업인 소득 및 작업환경 현황
④ 농어촌의 교육여건
⑤ 농어촌의 교통·통신·환경·기초생활 여건
⑥ 그 밖에 농어업인등의 복지증진과 농어촌의 지역개발을 위하여 필요한 사항
출처 교재 480p, 농어업인 삶의 질 향상 및 농어촌지역 개발 촉진에 관한 특별법 제8조

02 「농어업인 삶의 질 향상 및 농어촌지역 개발촉진에 관한 특별법령」상 농어업 작업자 건강위해 요소의 측정 사항 3가지를 쓰시오.

답

정답
① 소음, 진동, 온열 환경 등 물리적 요인
② 농약, 독성가스 등 화학적 요인
③ 유해미생물과 그 생성물질 등 생물적 요인
④ 단순반복작업 또는 인체에 과도한 부담을 주는 작업특성
⑤ 그 밖에 농림축산식품부장관 또는 해양수산부장관이 정하는 사항
출처 교재 481p
참고 2018년 제1회 필기 1차 기출문제, 2019 제2회 필기1차 기출문제

03

「농어업인 삶의 질 향상 및 농어촌지역 개발촉진에 관한 특별법령」 상의 질환현황조사에 관한 내용이다. ( )안에 알맞은 용어를 쓰시오.

- 질환현황조사는 (①)를 원칙으로 하며, 통계자료·문헌 등을 통한 (②)의 방법을 병행할 수 있다

답

정답 ① 현지조사, ② 간접조사

출처 농업인 질환 현황 조사(교재 481p) 및 실태조사 (교재 491p)

구 분	질환현황조사 (농어업인 삶의 질 향상 및 농어촌지역 개발촉진에 관한 특별법 시행령 제9조의3)	실태조사 (농어업인의 안전보험 및 안전재해예방에 관한 법률 시행규칙 제4조)
실시권자	농촌진흥청장	농림축산식품부장관 (농촌진흥청장에게 위임)
실시주기	매년	2년
현황조사에 포함될 사항	1. 성별·나이 등 조사 대상자의 일반적 특성에 관한 사항 2. 조사 대상자의 건강 및 안전 특성에 관한 사항 3. 농업 작업으로 인한 질환의 발생 경로 및 현황에 관한 사항 4. 그 밖에 농업 작업 환경 및 작업 특성에 관한 사항	1. 농어업인 및 농어업근로자의 성별·나이, 건강상태 등 일반적 특성에 관한 사항 2. 농어업작업안전재해의 발생 원인 및 현황에 관한 사항 3. 그 밖에 농어업작업 환경 또는 특성에 따른 농어업작업안전재해에 관한 사항
조사원칙	질환현황조사는 현지조사를 원칙으로 하며, 통계자료·문헌 등을 통한 간접조사의 방법을 병행할 수 있다.	실태조사는 표본조사 및 현지조사를 원칙으로 하며, 통계자료·문헌 등을 통한 간접조사를 병행할 수 있다.
조사계획수립	농촌진흥청장은 질환현황조사 또는 실태조사를 하기 전에 조사 대상자의 선정기준, 조사 일시 및 방법 등을 포함한 조사계획을 수립하여야 한다.	

04 국가와 지방자치단체가 농어업의 작업환경 및 작업특성에 대한 작업자 건강위해 요소를 측정하고 이를 개선하기 위하여 할 수 있는 지원사업 3개를 쓰시오.

답

정답 ① 농어업 작업환경을 개선할 수 있는 장비의 개발 및 보급
② 농어업 작업 안전보건기술의 개발 및 보급
③ 농어업인에게 주로 발생하는 질환 및 재해 예방교육의 실시
출처 교재 481p

05 다음 보기의 내용을 목적으로 하는 법은?

> 이 법은 농어업작업으로 인하여 발생하는 농어업인과 농어업근로자의 부상·질병·장해 또는 사망을 보상하기 위한 농어업인의 안전보험과 안전재해예방에 관하여 필요한 사항을 규정함으로써 농어업 종사자를 보호하고, 농어업 경영의 안정과 생산성 향상에 이바지함을 목적으로 한다.

답

정답 농어업인의 안전보험 및 안전재해예방에 관한 법률
출처 교재 483p

06 농어업인의 안전보험 및 안전재해예방에 관한 법」상의 "농어업작업안전재해"에 대하여 설명하시오.

답

정답 "농어업작업안전재해"란 농어업작업으로 인하여 발생한 농어업인 및 농어업근로자의 부상·질병·장해 또는 사망을 말한다.
출처 교재 483p

07 다음 보기의 내용은 농어업작업안전재해로 인정되지 않는 경우를 설명하고 있다. ( )안에 알맞은 용어를 쓰시오.

> 1. 농어업작업과 농어업작업안전재해 사이에 (①)가 없는 경우
> 2. 농어업인 및 농어업근로자의 고의, (②)나 (③) 또는 그것이 원인이 되어 부상, 질병, (④) 또는 사망이 발생한 경우

답

정답 ① 상당인과관계, ② 자해행위, ③ 범죄행위, ④ 장해

08 「농어업인의 안전보험 및 안전재해예방에 관한 법령」상 다음 ( )에 알맞은 용어를 쓰시오.

> • "(①)"란 부상 또는 질병이 완치되거나 치료 효과를 더 이상 기대할 수 없고 그 증상이 고정된 상태에 이르게 된 것을 말한다.
> • "(②)"란 부상 또는 질병이 치유되었으나 육체적 또는 정신적 훼손으로 인하여 노동능력이 상실되거나 감소된 상태를 말한다.

답

정답 ① 치유, ② 장해
출처 교재 484p

09 「농어업인의 안전보험 및 안전재해예방에 관한 법령」상의 농어업작업 관련질병 중, 농어업작업 수행 과정에서 유해·위험요인을 취급하거나 그에 노출되어 발생한 질병의 구체적인 인정기준을 서술하시오

답

정답 「농약관리법」에 따른 농약에 노출되어 발생한 피부질환 및 중독 증상

출처 교재 487p

보충 농어업작업안전재해의 인정기준(법 제8조)

구 분		인정기준
농어업 작업 관련 사고	농어업인 및 농어업 근로자가 농어업작업이나 그에 따르는 행위(농어업작업을 준비 또는 마무리하거나 농어업작업을 위하여 이동하는 행위를 포함한다)를 하던 중 발생한 사고 (법 제8조제1항 제1호 가목)	법 제8조제1항 제1호 가목에 따른 농업작업에 따르는 행위를 하던 중 발생한 사고 1. 주거와 농업작업장 간의 농기계(트랙터, 관리기, 동력이앙기 등 동력장치가 부착된 기계로 「농업기계화 촉진법」 제2조제1호에 따른 농업기계를 말한다.)의 이동(다른 사람의 농기계에 피보험자가 편승하여 이동한 경우를 포함한다) 중 발생한 사고 2. 주거와 농업작업장, 출하처 간의 농산물 운반작업 (손수레, 화물차 또는 농기계를 이용한 실제 운반 작업을 말하며, 운반작업 전후의 이동은 제외한다) 중 발생한 사고 3. 농산물을 출하하기 위한 가공·선별·건조·포장작업 중 발생한 사고 4. 주거와 농업작업장 간의 농업용 자재(농약, 비료, 사료와 농업용 폴리프로필렌(PP) 포대, 폴리에틸렌(PE) 필름, 쪼갠 대나무, 농업용 파이프를 말한다) 운반작업 중 발생한 사고 (운반작업 전후의 이동 중에 발생한 사고는 제외한다) 5. 피보험자가 소유하거나 관리하는 농기계를 수리하는 작업 중 발생한 사고 (수리를 위한 이동 중에 발생한 사고는 제외한다)
	농어업작업과 관련된 시설물을 이용하던 중 그 시설물 등의 결함이나 관리소홀로 발생한 사고	사고: 농작물 재배시설, 농작물 보관창고, 축사 및 농기계 보관창고의 결함으로 발생한 사고 또는 해당 시설물 등의 신축·증축·개축 중 발생한 사고
	그 밖에 농어업작업과 관련하여 발생한 사고	농업작업에 의하여 자신이 직접 생산한 농산물을 주원료로 하여 상용노동자를 사용하지 않고 제조하거나 가공하는 작업 중 발생한 사고(타인이 생산한 물건을 주원재료로 구입하여 제조하거나 가공하는 중 발생한 사고는 제외한다)
농어업 작업 관련 질병	농어업작업 수행 과정에서 유해·위험요인을 취급하거나 그에 노출되어 발생한 질병	「농약관리법」에 따른 농약에 노출되어 발생한 피부질환 및 중독증상
	농어업작업 관련 사고로 인한 부상이 원인이 되어 발생한 질병	파상풍
	그 밖에 농어업작업과	과다한 자연열에 노출되어 발생한 질병, 일광 노출에 의한 질병,

관련하여 발생한 질병 :	근육 장애, 윤활막 및 힘줄 장애, 결합조직의 기타 전신 침범, 기타 연조직 장애, 기타 관절연골 장애, 인대장애, 관절통, 달리 분류되지 않은 관절의 경직, 경추상완증후군, 팔의 단일 신경병증, 콜레라, 장티푸스, 파라티푸스, 상세불명의 시겔라증, 장출혈성 대장균 감염, 급성 A형간염, 디프테리아, 백일해, 급성 회색질척수염, 일본뇌염, 홍역, 볼거리, 탄저병, 브루셀라병, 렙토스피라병, 성홍열, 수막구균수막염, 기타 그람음성균에 의한 패혈증, 재향군인병, 비폐렴성 재향군인병[폰티액열], 발진티푸스, 리켓차 티피에 의한 발진티푸스, 리켓차 쯔쯔가무시에 의한 발진티푸스, 신장증후군을 동반한 출혈열, 말라리아

10 「농어업인의 안전보험 및 안전재해예방에 관한 법령」 상 피보험자의 농어업작업안전재해에 대하여 지급하는 보험금의 종류 3가지를 쓰시오.

답

정답 ① 상해·질병 치료급여금 ② 휴업급여금 ③ 장해급여금 ④ 간병급여금
⑤ 유족급여금 ⑥ 장례비 ⑦ 직업재활급여금 ⑧ 행방불명급여금
⑨ 그 밖에 대통령령으로 정하는 급여금 (특정감염병 진단급여금, 특정질병 수술급여금)

출처 교재 489p

11 다음 보기의 (   )안에 들어갈 용어를 답안에 쓰시오

• 장해급여금은 농어업작업으로 인하여 부상을 당하거나 질병에 걸려 치유 후에도 장해가 있는 경우에 (①   )에 따라 책정한 금액을 피보험자에게 일시금으로 지급한다
•. 간병급여금은 (②   )을 받은 사람 중 치유 후 의학적으로 상시 또는 수시로 간병이 필요하여 실제로 간병을 받은 피보험자에게 지급한다.

답

정답 ① 장해등급
② 상해·질병 치료급여금

출처 교재 489p

12 농작업안전재해의 예방에 필요한 통계자료 3개를 쓰시오.

답

정답
① 농작업안전재해로 인정되는 부상, 질병, 장해 또는 사망에 관한 통계자료
② 농작업안전재해로 인정되지 아니하는 부상, 질병, 장해 또는 사망에 관한 통계자료
③ 농기계 및 농기구·농약·비료 등 농업용자재의 사용으로 인한 농업작업안전재해에 관한 통계자료
④ 그 밖에 농작업안전재해의 원인과 관련된 통계자료
출처 교재 491p

13 2년마다 실시하는 농어업인 및 농어업근로자의 안전재해에 대한 실태조사의 조사대상 3가지 사항을 쓰시오.

답

정답
① 농어업인 및 농어업근로자의 성별·나이, 건강상태 등 일반적 특성에 관한 사항
② 농어업작업안전재해의 발생 원인 및 현황에 관한 사항
③ 그 밖에 농어업작업 환경 또는 특성에 따른 농어업작업안전재해에 관한 사항
출처 교재 491p

14 농어업작업안전재해의 예방을 위한 기본계획에 포함되어야 하는 사항 3가지를 쓰시오.

답

정답
① 농어업작업안전재해 예방 정책의 기본방향
② 농어업작업안전재해 예방 정책에 필요한 연구·조사에 관한 사항
③ 농어업작업안전재해 예방을 위한 교육·홍보에 관한 사항
④ 그 밖에 농어업작업안전재해 예방에 관하여 필요한 사항
출처 교재 491p
참고 2018년 제1회 필기 1차 기출문제

15 농어업인의 안전보험 및 안전재해예방에 관한 법령상 농어업작업 유해요인 3가지를 쓰시오.

답

정답 ① 단순 반복작업 또는 인체에 과도한 부담을 주는 작업 등 신체적 유해 요인
② 농약, 비료 등 화학적 유해 요인
③ 미생물과 그 생성물질 또는 바다생물(양식 수산물을 포함한다)과 그 생성물질 등 생물적 유해 요인
④ 소음, 진동, 온열 환경, 낙상, 추락, 끼임, 절단 또는 감압 등 업종별 물리적 유해 요인
출처 교재 492p

16 농어업인의 안전보험 및 안전재해예방에 관한 법령상 농어업작업안전재해의 예방 교육의 내용 3가지를 쓰시오.

답

정답 ① 농어업인의 건강에 영향을 미치는 위험요인의 차단에 관한 교육
② 비위생적이고 열악한 농어업작업 환경의 개선에 관한 교육
③ 작업자의 안전 확보를 위한 개인보호장비에 관한 교육
④ 농산물 수확 또는 어획물 작업 등 노동 부담 개선을 위한 편의장비에 관한 교육
⑤ 농어업작업 환경의 특수성을 고려한 건강검진에 관한 교육
⑥ 농어업인 안전보건 인식 제고를 위한 교육
⑦ 그 밖에 농림축산식품부장관 또는 해양수산부장관이 필요하다고 인정하는 교육
출처 교재 493p
보충 제2회 1차 필기시험 기출문제

17 「농어업인의 안전보험 및 안전재해예방에 관한 법령」상 농어업작업안전재해 예방을 위한 홍보의 내용 3가지를 쓰시오.

답

> **정답** ① 주요 농어업작업안전재해 발생 시기에 맞춘 안전지도에 관한 홍보
> ② 농어업작업 환경 개선 등 예방사업의 효과에 관한 홍보
> ③ 농어업작업안전재해로 인한 인적·사회경제적 손실에 관한 홍보
> ④ 농어업 안전보건 증진의 필요성에 관한 홍보
> ⑤ 그 밖에 농림축산식품부장관 또는 해양수산부장관이 농어업
> **출처** 교재 493p (농어업인의 안전보험 및 안전재해예방에 관한 법 시행규칙 제7조)

제2장 농기자재 안전보건 관련법

01 「농약관리법」상의 천연식물보호제 2가지를 기술하시오.

답

> **정답** ① 진균, 세균, 바이러스 또는 원생동물 등 살아있는 미생물을 유효성분(有效成分)으로 하여 제조한 농약
> ② 자연계에서 생성된 유기화합물 또는 무기화합물을 유효성분으로 하여 제조한 농약
> **출처** 교재 495p (농약관리법 제2조 1의2)

02 다음 주어진 조건에 따른 최대무작용량(NOAEL)을 구하시오.

- 농작업자노출허용량(AOEL) = 0.1
- 안전계수(SF) = 0.01

정답 최대무작용량(NOAEL) = 농작업자노출허용량(AOEL) × 안전계수(SF) = 0.1 × 0.01 = 0.001

출처 교재 499p

보충 농작업자노출허용량은 독성시험을 근거로 설정된 최대무작용량(NOAEL), 체내흡수율, 안전계수를 반영하여 설정한다. 단, 일일섭취허용량 설정이 면제되는 농약의 경우에는 농작업자노출허용량 설정을 면제할 수 있다.

농작업자노출허용량(AOEL) = $\dfrac{\text{최대무작용량(NOAEL)}}{\text{안전계수(SF)}}$ 이므로

최대무작용량(NOAEL) = 농작업자노출허용량(AOEL) × 안전계수(SF) = 0.1 × 0.01 = 0.001

03 「농약관리법령」상의 농약등의 안전사용기준 4가지를 쓰시오.

정답 ① 적용대상 농작물에만 사용할 것
② 적용대상 병해충에만 사용할 것
③ 적용대상 농작물과 병해충별로 정해진 사용방법·사용량을 지켜 사용할 것
④ 적용대상 농작물에 대하여 사용시기 및 사용가능횟수가 정해진 농약등은 그 사용시기 및 사용가능횟수를 지켜 사용할 것
⑤ 사용대상자가 정해진 농약등은 사용대상자 외의 사람이 사용하지 말 것
⑥ 사용지역이 제한되는 농약등은 사용제한지역에서 사용하지 말 것

출처 교재 512p (농약관리법 시행령 제19조)

04 「농업기계화촉진법령」 상의 필수적 검정대상 농업기계에 대한 검정의 종류 3개를 쓰시오.

답

정답 ① 종합검정, ② 안전검정, ③ 변경검정
출처 교재 515p

보충 농업기계의 검정방법(농업기계화촉진법 시행규칙 제4조) (2020.1.1.개정)

구 분		내 용
필수적 검정대상	종합검정	농업기계의 형식에 대한 구조, 성능, 안전성 및 조작의 난이도에 대한 검정
	안전검정	농업기계의 형식에 대한 구조 및 안전성에 대한 검정
	변경검정	종합검정 또는 안전검정에서 적합판정을 받은 농업기계의 일부분을 변경한 경우 그 변경 부분에 대한 적합성 여부를 확인하는 검정
임의적 검정대상	국제규범 검정	국제기술규정에 따른 검정
	기술지도 검정	농업기계의 개량·개발을 촉진하기 위하여 신청인이 요청하는 특정한 항목에 대한 검정
	선택검정	국가의 자금지원을 받는 농업기계에 대하여 신청인이 요청하는 특정 항목(종합검정 또는 안전검정에 따른 검정항목만 해당한다)에 대한 검정

05 「농업기계화 촉진법령」 상 다음 보기의 내용이 설명하는 농업기계를 쓰시오.

> 예취(베기)장치, 탈곡장치, 정선(精選)장치 및 배출장치 등을 갖추고 벼, 보리, 콩, 잡곡 등의 농작물을 베는 동시에 탈곡하고 정선(精選)할 수 있는 자주식 농작물 수확기계

답

정답 콤바인
출처 농업기계화 촉진법 시행규칙 별표 1
참고 2019 제2회 필기1차 기출문제

보충 농업기계의 범위 (농업기계화 촉진법 시행규칙 별표 1)

농업기계명	범 위
농업용 트랙터	경운, 정지 및 운반 등의 농작업수행을 주목적으로 설계되어 동력취출장치, 견인장치, 승강장치 등의 작업기를 장착하고, 구동장치를 갖춘 차축이 2개 이상인 자주식(自走式) 원동기계
농업용 트랙터 보호구조물(ROPS)	농업용 트랙터에 장착된 캡 또는 프레임 형식의 운전자 보호장치
콤바인	위 지문 참조
이앙기	주행장치, 모탑재장치 및 식부(모심기)장치 등을 갖추고 벼의 모를 논에 옮겨 심는 자주식 기계[부분경운형 및 멀칭(비닐덮기)겸용형을 포함한다]
정식기	식부장치, 모공급장치, 복토(흙덮기)나 진압장치(필요한 경우에만 갖출 수 있다) 등을 갖추고 벼 외의 배추, 고추, 양파, 고구마 및 양상추 등의 어린모를 농경지에 옮겨 심는 자주식 기계(농업용트랙터 장착식을 포함한다)
농업용 난방기	고체연료, 유류, 전기 등의 유해가스 발생 우려가 적은 에너지원을 열원으로 하여 농업용 시설을 난방하기 위한 온풍식, 온수식, 온풍·온수겸용식 난방기로 연소가스가 시설 내에 유입되지 않는 구조의 다음 각 목의 난방기계(전기를 열원으로 사용하는 난방기는 전기안전 성적서 또는 전기안전 인증을 받은 것만 해당한다)만 해당한다. 가. 온풍식: 정격난방능력 210MJ/h 이상(전기식은 전기발열체의 소비전력이 10kW 초과)인 송풍기 일체식 구조로 천장, 기둥, 바닥에 설치할 수 있는 난방기계 나. 온수식: 정격난방능력 210 MJ/h 이상(전기식은 전기발열체의 소비전력이 10kW를 초과)이고, 온수를 연속적으로 공급할 수 있는 구조의 난방기계 다. 온풍·온수 겸용식: 정격난방능력 210 MJ/h 이상(전기식은 전기발열체의 소비전력이 10kW를 초과)이고, 온풍·온수식 난방을 각각 독립적 또는 동시에 가동할 수 있는 구조의 난방기계 라. 방열형: 발열체 소비전력 10kW 이하로 천장·기둥·바닥 설치식 구조를 가진 방열형 난방기로서 난방 온도 및 ON/OFF를 제어할 수 있는 난방기계(발열체로부터의 화재 또는 화상을 방지하는 안전장치를 부착하고 공인기관의 전기 안전성 인증을 받은 것만 해당한다)
농산물 건조기	농산물(곡물 및 유채는 제외)건조를 목적으로 사용되는 기계(냉장겸용식을 포함)
농산물 저온저장고	농산물을 보관·저장하는 목적으로 설계된 저장용적 50㎥ 이하(바닥면적 10.56㎡ 이하)로서 이동할 수 있는 저온저장기계
가정용 도정기	농가 단위에서 벼를 투입하여 현미 또는 백미를 가공하는 소요동력 1kW 이상 10kW 이하인 가정용 현미기, 정미기 또는 복합식 도정기계
	적재함과 주행장치 등을 갖추고 농산물 등을 운반하는 다음 각 목의 조건을 모두 만족하는 자주식 운반차로 최대출력 18㎾ 이하의 농업용 엔진 또는 농업용

농업용 동력 운반차	전동기가 부착된 것(배기량 50cc 미만의 가솔린엔진을 사용하거나 정격출력 0.59㎾ 미만의 전동기를 사용하는 것은 제외한다) | 구 분 | 승용형 | 보행형 | 자율주행형 | |---|---|---|---| | 최고주행속도 | 30㎞/h 이하 | 7㎞/h 이하 | 30km/h 이하 | | 적재정량 | 200kg ~ 1000kg | 80kg 이상 500kg 이하 | | | 적재설비 바닥면적 | 1.0㎡ 이상 | 0.5㎡ 이상 | |
농업용 로더 (loader, 올리개)	농작업에 사용되는 자체중량 2톤 미만의 자주식 로더[차체굴절식 조향장치(방향조절장치)가 있는 자체중량 4톤 미만의 타이어식 로더를 포함] 또는 농업용 트랙터에 버킷(흙 등을 퍼 올리는 통)을 장착하여 로더작업을 수행하는 작업기
농업용 굴착기	농작업에 사용되는 자체중량 1톤 미만의 자주식 굴착기 또는 농업용트랙터 등에 버킷을 장착하여 굴삭작업을 수행하는 부속작업기
관리기	고랑·두둑 성형(두둑만들기), 중경(中耕, 사이갈이), 제초, 시비(거름주기), 방제, 파종, 비닐피복(비닐덮기) 등의 다양한 작업기를 부착할 수 있도록 설계된 다음 각 목의 어느 하나에 해당하는 기계(2 이하의 특정 작업 전용형은 제외한다) 　가. 승용형: 작물 손상 방지를 위하여 최저 지상고가 전륜과 후륜의 중심보다 높게 설계된 구조로 최저지상고는 400mm 이상이고 협폭 타이어가 장착된 최고주행속도 15km/h 이하의 자주식 승용형 원동기계 　나. 보행형: 고랑·두둑 성형, 중경, 제초, 시비(거름주기), 방제, 파종, 비닐피복 등의 작업기를 부착하여 핸들 위치를 전·후로 전환하여 작업이 가능하도록 설계된 구조로 탑재원동기 최대출력 9㎾ 미만, 최고주행속도 7 km/h 이하인 자주식 보행형 원동기계
비료살포기	퇴비, 분말비료, 입상비료 또는 액상비료를 농경지에 살포하기 위하여 적재장치, 반송장치, 살포장치 등을 갖춘 것으로서 다음 에 해당하는 기계 　가. 자주식: 동력전달 차축을 가진 보행자주식 또는 승용자주식 비료살포기계(자율주행형 비료살포기계를 포함한다) 　나. 장착식: 농업용 트랙터, 동력경운기 등에 장착되거나 연결·견인되도록 설계된 비료살포기계
곡물건조기	곡물의 건조를 균일하게 하기 위한 순환장치 또는 교반장치를 갖춘 것으로서 다음 각 목의 어느 하나에 해당하는 곡물 또는 유채 건조기계 　가. 열풍형 건조기(원적외선 건조기는 포함하고, 연속식 건조기는 제외한다) 　나. 상온 통풍저장형 건조기
농업용 고소작업차(과수용 작업대를 포함한다)	과수의 적과(열매 솎아내기), 가지치기 및 수확 등의 농작업을 위해 작업자의 탑승과 작업대에 주행 및 승하강 등의 조작장치를 갖춘 자주식 작업차(스피드스프레이어 등에 장착하여 승하강할 수 있는 과수용 작업대를 포함한다)
	병해충 방제, 제초 등을 목적으로 설계된 것으로서 약액탱크, 농약살포장치 및 송풍장치(원거리용 방제기, 스피드스프레이어만 해당한다) 등을 갖춘 기계 　가. 주행형 동력분무기: 약액탱크, 펌프 및 노즐 등을 갖추고 농작물에 농약을

농업용 방제기	살포하는 기계(자주식은 최고주행속도가 승용형의 경우 20km/h 이하, 보행형은 7km/h 이하일 것) 또는 농업용트랙터 등의 부착식 작업기(농업용 엔진 등의 동력을 이용하는 것도 포함한다) 나. 원거리용 방제기: 약액탱크, 펌프, 송풍팬, 송풍관 및 노즐 등을 갖추고 논이나 밭 등에서 20 m 이상 원거리로 약액을 살포하는 승용자주식 기계(최고주행속도 20km/h 이하일 것) 또는 장착식 작업기 다. 살분무기: 농업용엔진, 펌프 및 미스트(mist, 공기 중에 떠다니는 연무형태 액체) 발생장치 등을 갖추고 액제나 분제 등의 농약을 평균입경 30~50㎛ 범위로 미립화시켜 살포하는 기계 라. 스피드스프레이어: 약액탱크, 펌프, 송풍팬 및 노즐 등을 갖추고 평균입경 30~50㎛ 범위로 약액을 미립화시켜 150° 이상의 범위로 살포하는 자주식(최고주행속도는 승용형의 경우 20km/h 이하, 보행형은 7km/h 이하일 것) 또는 농업용 트랙터 장착식 작업기 마. 붐스프레이어(긴막대형살포기): 약액탱크, 펌프, 2 이상의 노즐이 부착된 붐대(긴막대) 등을 갖추고 붐대를 농작물에 근접시켜 약액을 살포하는 자주식 또는 농업용 트랙터 등의 장착식 작업기 바. 토양소독기: 약액탱크, 펌프 및 주입장치 등을 갖추고 토양에 직접 약액을 주입하는 자주식기계 사. 시설용 분무기: 온실 내에서 농작물의 병해충 방제를 위해 레일 등 고정경로를 따라 이동하거나 정치상태에서 액제를 살포하는 기계 아. 해충방제기: 포집장치 또는 살충장치 등을 갖추고 농작물에 유해한 해충의 포집 또는 살충 방제하는 기계 자. 연무기: 연소부와 고압분사장치 등을 갖추거나 연무용 노즐과 송풍기 등을 갖추고 약제를 평균입경 20㎛ 정도로 미립화시켜 입자를 부유 분산 살포하는 기계
농업용 파쇄기	절삭 또는 파쇄장치 등을 갖추고 폐목재, 잔가지, 벌채 후 부산물, 사료작물 등을 절삭 또는 파쇄하는 자주식, 정치식 또는 농업용 트랙터 장착식 기계
농업용 톱밥제조기	목재 등을 절삭하여 톱밥을 만드는 자주식 톱밥제조기 또는 농업용 트랙터 장착식 기계
농산물세척기	공급장치, 세척장치 및 배출장치를 갖추고 채소류 및 과실류 등을 세척하는 기계
예취기	주행장치, 예취장치 등을 갖추고 벼, 두류, 참깨 등의 농작물을 베어 수확하는 기계
동력제초기[모우어(잔디깎는 기계)를 포함]	주행장치 및 제초장치를 갖추고 잡초를 자르는 용도에 사용되는 승용자주형, 보행형 또는 부착형 방식의 제초기계
농업용 리프트	평탄한 장소에서 작업자가 선반이나 작업대 등에 탑승하지 않고 농산물이나 농자재 등을 이동시키거나 상하차 등의 작업을 수행하는 자주식 또는 트랙터 부착식 리프트(농산물 상하차운송기)

트레일러	농업용 트랙터, 동력경운기 등에 장착하여 농산물이나 농업기계 등을 운반하는 적재장치(곡물적재용을 포함한다)
농업용 베일러 (볏짚 묶는 기계)	볏짚 또는 목초 등을 사각형 또는 원형으로 압축하여 묶어주는 자주식 베일러 또는 농업용 트랙터 장착식 베일러(베일피복기 겸용형을 포함한다)
농산물 결속기	파, 마늘, 부추 등의 농산물을 부피, 크기 또는 중량별로 끈이나 접착용 자재 등을 사용하여 묶는 기계
농업용 절단기	농산물과 농산부산물의 줄기절단, 파쇄, 세절(잘게 자름)하는 기계 가. 농산물 세절기 : 임산물과 농산물을 세절하는데 사용되는 기계 나. 덩굴파쇄기: 고구마 등의 덩굴을 절단·파쇄하는 기계(자주식 또는 농업용 트랙터 등의 장착식을 포함한다) 다. 농산물 절단기: 마늘, 양파 등의 줄기를 절단하는 기계(자주식 또는 농업용 트랙터 등의 장착식을 포함한다) 라. 잔가지 파쇄기: 절단된 과수 등의 잔가지를 절단·파쇄하는 기계(자주식 또는 농업용 트랙터 등의 장착식을 포함한다) 마. 사료작물 절단기: 가축의 사료용으로 사용할 목초, 결속볏짚 및 옥수수 대 등을 세절 또는 파쇄하는 기계(자주식 또는 농업용 트랙터 등의 장착식과 농업용 전동기의 동력을 이용하는 것도 포함한다)
베일피복기	볏짚 또는 목초 등을 압축하여 묶어 놓은 베일을 스트레치 필름 등으로 감아서 밀봉하는 기계(자주식 또는 농업용 트랙터 장착식 베일피복기를 포함한다)
동력수확기	땅속작물, 엽채류, 과실류, 사료작물 등을 굴취(캐냄), 인발(뽑아냄), 절단 및 탈실(열매 떼어내기) 등의 방법으로 수확 또는 수집하는 기계(벼 등 곡물 콤바인은 제외한다) 가. 땅속작물수확기: 각종 땅속작물을 수확하기 위한 굴취기 또는 굴취 후 토사 등을 분리한 후 용기에 수집하는 수집형 수확기계 나. 엽채류수확기: 부추, 시금치 등 엽채류를 절단하여 수집하는 하는 기계 다. 과실수확기: 감, 매실 등의 과실을 줄기로부터 분리하여 수집하는 하는 기계 라. 사료작물수확기 : 목초, 호밀 또는 옥수수 등의 사료작물을 예취 및 절단 등의 방법으로 수확하는 기계
경운기	경운, 정지 및 운반 등의 농작업기를 부착할 수 있는 동력취출장치 및 견인장치 등을 갖추고 최저 지상고가 150 mm 이상으로 습답(물논)에서의 작업이 용이한 구조의 자주식 보행형 원동기계(특수한 목적으로 설계된 것은 제외한다)
사료배합기	배합통, 교반장치 등을 갖추고 조사료, 농후사료, 발효사료, 화식사료 등을 배합하는 기계(자주식, 농업용 트랙터 장착식 또는 정치식을 포함한다)
동력파종기	종자통, 종자배출장치 및 복토장치(필요한 경우에만 갖출 수 있다) 등을 갖추고 보리, 콩, 마늘, 감자, 옥수수 등의 종자 및 볍씨를 직접 농경지에 파종하는 기계(자주식 또는 농업용 트랙터 등의 장착식을 포함한다)
사료공급기	사료적재함, 사료배출장치 등을 갖추고 가축에게 조사료, 농후사료, 배합사료

(사료급이기)	화식사료 등의 사료를 공급하는 자주식 또는 정치식 사료급이기계
농산물제피기	공급장치, 제피장치 등을 갖추고 농산물의 껍질을 자동으로 제거하는 기계
탈곡기	농작물의 투입장치 및 탈곡장치 등을 갖추고 예취된 벼, 보리, 콩, 옥수수, 잡곡 등을 탈곡만을 목적으로 하는 기계(자주식 또는 농업용 트랙터 등의 장착식 및 농업용 엔진 등의 동력을 이용하는 기계도 포함한다)
농산물선별기	미곡 외 과일, 구근, 채소 등의 농산물을 비중, 중량, 색, 당도, 형상 등에 따라 선별하는 기계(휴대형 비파괴 과실류 측정장치 등도 포함한다)
부속작업기	농업용 트랙터, 경운기, 관리기, 이앙기 등에 장착하거나 견인되어 사용되는 농작업 기계
농업용 무인 항공기	파종, 시비, 방제와 농작물 생육상태 예찰 등의 장비를 장착하여 농산물 생산에 활용되는 무인헬기 및 멀티콥터
농축산물 생산 환경조절장치	농작물 및 가축 등의 생육환경을 자동제어할 수 있는 스마트온실 및 축사시설 등의 온습도, 풍향, 풍속 등의 자동제어 기자재
농산물포장기	수확 또는 가공한 농산물을 비닐, 종이, 박스 또는 병 등에 포장하는 기계
그 밖의 농업기계	그 밖에 농림축산식품부장관이 정하는 농업기계

06 「농업기계화 촉진법령」 상의 안전교육대상자를 쓰시오.

답

정답 농업용트랙터 등 농업용기계를 사용하거나 사용하려는 농업인 등

출처 농업기계화 촉진법시행규칙 제19조 (안전교육 대상자의 범위 등)

① 법 제12조의2제2항에 따른 농업기계 안전교육 대상자의 범위, 교육기간 및 교육과정은 다음 각 호와 같다.
1. 안전교육 대상자 : 농업용트랙터 등 농업용기계를 사용하거나 사용하려는 농업인 등
2. 교육기간 및 교육과정 : 농업기계의 종류에 따라 3일 이내의 범위에서 구조 및 조작취급성 등에 관한 교육

② 제1항에서 정하지 아니한 그 밖의 안전교육에 관하여 필요한 사항은 농촌진흥청장이 정한다

memo

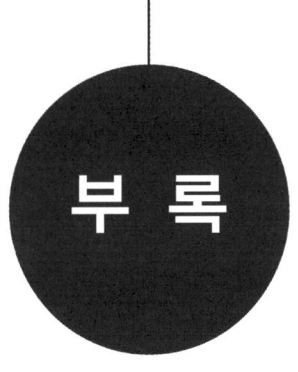

◇ 2019년 6월 29일 시행 제1회 실기 기출문제 및 해설

◇ 2019년 11월 9일 시행 제2회 실기 기출문제 및 해설

◇ **작업자세** 분석도구 (농작업안전관리자 육성 교육교재)

2019.6.29.시행 실기 기출문제 및 해설

01 동력예취기의 진동방지 대책 2가지 쓰시오.(6점)

답

정답 진동방지 대책
① 손잡이에 고무댐퍼를 부착한다.(교재 290p)
② 방진장갑을 착용한다 (교재 149p)
③ 가급적 진동강도가 낮은 공구로 교체하여 사용한다.

02 농촌지역의 재난대비 점검 리스트 항목 3가지를 작성하시오 (3점)

답

정답 ① 태풍, 집중호우, 폭설 등 기상청의 기상정보에 따른 작업 중지를 이행하는가?
② 재난에 대한 매뉴얼을 항상 숙지하고 있는가?
③ 재난 시 비상연락망이 갖추어져 있는가? (재난 신고 시 비상연락망은 119로 통합)
④ 재난 시 위협요인이 발생할만한 장소를 미리 알고 있는가?
⑤ 재난 발생 후에 대한 조치사항이 정해져 있는가?
출처 교재 421p

03 다음은 쯔쯔가무시증에 대한 설명이다. (   )안에 알맞은 문구를 쓰시오. (6점)

> 쯔쯔가무시증은 가을철 열성 질환의 하나로 10 - 12월에 대부분의 환자가 발생한다.
> 병원소는 감염된 (   ) 유충(chigger)이 가장 중요한 매개체이다. 물린 부위에 나타나는 (   )이 특징적으로 위치는 팬티 속, 겨드랑이, 오금 등 피부가 겹치고 습한 부위에 많이 생기며, 배꼽, 귓바퀴 뒤, 항문 주위, 머릿속 등 찾기 어려운 곳도 생기므로 철저한 신체검사가 필요하다. 다행히 사람간 (   )

답

정답 털진드기, 가피형성, 전파는 없다
출처 교재 316~317p

04 전기기계·기구에 접속되어 있는 누전차단기의 정격감도전류가 30mA 이하일 때, 동작시간은?(5점)

답

정답 0.03초 이내일 것
출처 교재 379p

05 「산업안전보건기준에 관한 규칙」에서 명시한 접지 거리 및 대지전압에 관한 내용이다. ( )안에 알맞은 숫자를 쓰시오. (6점)

> 사업주는 누전에 의한 감전의 위험을 방지하기 위하여 다음 각 호의 부분에 대하여 접지를 하여야 한다.
> 1. 전기 기계·기구의 금속제 외함, 금속제 외피 및 철대
> 2. 고정 설치되거나 고정배선에 접속된 전기기계·기구의 노출된 비충전 금속체 중 충전될 우려가 있는 다음 각 목의 어느 하나에 해당하는 비충전 금속체
>   가. 지면이나 접지된 금속체로부터 수직거리 (①)미터,
>   수평거리 (②)미터 이내인 것
>   나. 물기 또는 습기가 있는 장소에 설치되어 있는 것
>   다. 금속으로 되어 있는 기기접지용 전선의 피복·외장 또는 배선관 등
>   라. 사용전압이 대지전압 (③)볼트를 넘는 것

답

정답 ① 2.4,
② 1.5, ③ 150
출처 산업안전보건기준에 관한 규칙 제302조

06 NLE 평가에서 아래 조건을 보고 들기지수와 개선해야 할 요소는? (6점)

> 작업물의 무게 : 9kg,   부하상수 : 23kg, 수평계수 : 0.5,   수직계수 : 0.75,
> 거리계수 : 0.84,   비대칭계수 : 1.0,   빈도계수 : 0.88,   결합계수 : 1.0

1) 들기지수를 계산하시오.

답

정답 들기지수(LI) = 작업물의 무게 / RWL (권장무게한계) = 9kg/6.38 = 1.41
RWL = 부하상수(23kg)×수평계수×수직계수×거리계수×비대칭계수× 빈도계수×결합계수
    = 6.38

2) 위 조건에서 개선해야 할 요소는?

답

정답 LI가 1.0보다 크면 작업물의 무게가 권장치 보다 크다고 판단되므로, 작업물의 무게를 개선하여야 한다.

보충 NLE (NIOSH 들기식)

> 들기 작업의 위험성을 예측하고 인간공학적인 작업방법의 개선을 통해 작업자의 직업성 요통을 사전에 예방하기 위해 만든 프로그램이다.
> 작업 변수와 용어 정의는 다음과 같다.
> ▶ 수평위치 (H) : 두 발 안쪽 복사뼈 사이의 중점에서 손까지의 수평거리(cm)
> ▶ 수직위치 (V: Vertical Location)) : 바닥에서 손까지의 수직 거리(cm)
> ▶ 수직이동거리 (D: Vertical Travel Distance) : 수직으로 이동한 거리(cm)
> ▶ 비대칭 각도 (A) : 정면에서 비틀린 정도를 나타내는 각도, 정중면과 비대칭 평면 사이의 각도
> ▶ 들기 빈도 (F) : 평균적인 분당 들기 횟수(회/분) (최소 15분 평균)
> ▶ 커플링(결합)계수 (Coupling Multiplier) : 커플링은 물체를 들 때에 미끄러지거나 떨어뜨리지 않도록 손잡이 등이 좋은지를 권장 무게한계에 반영한 것으로, '좋음', '보통', '나쁨' 3가지로 구분하다.
> ※ LI ≦ 1 : 특별한 개선 불필요
> ※ 1 < LI ≦ 3 : 관리적 개선대책 필요
> ※ 3 < LI : 공학적 개선대책 필요

07 산업안전법령상의 기준에 의한 고무제 안전화 성능시험 방법 4가지를 쓰시오.(8점)

> **정답** 고무제안전화의 시험방법
> ① 인장강도시험 ② 내유성 시험
> ③ 파열강도시험 ④ 선심 및 내답판의 내부식성 시험
> ⑤ 누출방지 시험
> **출처** 보호구 안전인증고시 별표 2의 10

08 누전차단기 정기점검방법 3가지를 쓰시오. (6점)

> **정답** 차단기는 다음 내용의 정기점검을 실시하고 그 결과 내용 기록한다.
> ① 차단기와 그 접속대상 전동기기의 정격적합 여부
> ② 차단기 단자전로의 접속상태 확인
> ③ 전동기기의 금속제 외함 등 금속 부분의 접지 유무
> ④ 통전 중 차단기에서 이상음이 발생 여부
> ⑤ Case 일부가 파손되지 않고 개폐 가능 여부
> **출처** 교재 378p

09 관절을 지지해주는 인대나 근육 (주로 인대) 이 외부 충격 등에 의해서 늘어나거나 일부 찢어지는 증상은? (3점)

> **정답** 삠/접질림 (염좌)
> **출처** 교재 112p
> **보충** 근육/인대가 완전히 끊어진 것은 근육/인대 파열이라고 함

10 다음 보기의 주어진 조건에 따른 축사 내에서 중작업시 습구흑구온도지수(WBGT)를 구하고 작업시간 및 휴식시간을 결정하시오.(6점)

〈조건〉
습구온도 32도,   건구온도 34도,   흑구온도 35도

정답 (1) 습구흑구온도지수(WBGT) ;
축사내이므로 습구흑구온도지수(WBGT) = (32°C×0.7) + (35°C×0.3) = 32.9°C
(2) 작업시간 및 휴식시간 : 중작업이므로 25%작업, 75% 휴식
출처 교재 239 ~240p

11 톱밥제조기의 안전사용 방법 3가지 쓰시오.(6점)

정답 ① 기계는 평평한 바닥에 수평을 유지하여 설치한다.
② 작업 담당자 외에는 일체 기계 및 동력장치 등을 조작하지 않도록 하고 작업 중 타인의 접근을 금지시킨다.
③ 드럼 커버 개폐시에는 반드시 기계의 전원이 꺼져 있는지 그리고 기계가 정지되어 있는지 확인 후 한다.
④ 목재투입구와 토출구에 손이 들어가면 매우 위험하므로 주의한다.
⑤ 가동 중 회전체나 기타 기체의 커버는 절대 열거나 열린 상태에서 작업을 하지 않는다.
출처 교재 184p

12 화재의 3요소를 쓰시오.(3점)

정답 가연물, 산소, 점화원
출처 교재 382p

13 농기계 등화장치 3가지를 쓰시오.(6점)

답

정답 전조등, 후미등, 제동등, 방향지시등
출처 교재 528p

14 다음 빈칸을 채우시오(5점)

( )법은 의료인을 보호하자는 취지의 법이지만, 이 법을 확대하여 응급처치자가 응급처치 중에 일어나는 법적인 문제에 도움을 주고 격려하는 법이다.

답

정답 선한 사마리안
출처 교재 454p

15 다음은 REBA 평가과정모형이다 ( )안에 알맞은 내용을 채우시오 (6점)

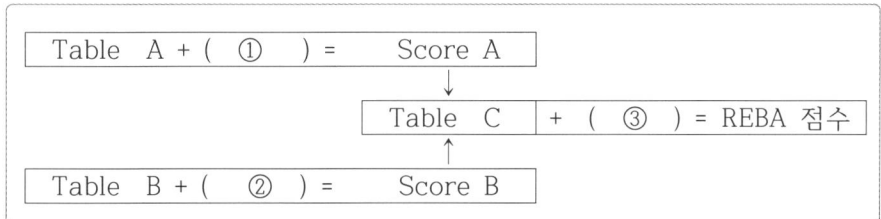

답

정답 ① 무게/힘, ② 손잡이, ③ 행동점수
출처 농작업 안전관리자 육성 교육교재 (작업자세 분석도구 6P)

16 다음 보기의 내용이 설명하는 감염병을 쓰시오.? (5점)

> 인수공통감염병의 하나로 우리나라에서는 소에서 사람으로 전파되는 것이 일반적이다.
> 병원소는 돼지, 염소, 양, 낙타, 들소, 순록, 사슴, 해양동물 등 다양하다.
> 전파경로는 다양하여 감염된 동물 혹은 동물의 혈액, 대소변, 태반, 분비물 등과 접촉, 흡입 시 혹은 오염된 유제품 섭취, 드물게 육류 섭취 시에 감염될 수 있다.
> 사람 간 전파는 드물지만 성 접촉, 수직감염(분만, 출산, 수유 등), 수혈, 장기이식, 비경구적(주로 정맥 내 주사) 경로 등으로 감염될 수 있다

답

정답 브루셀라증
출처 교재 314p

17 방진마스크의 부품교환 및 폐기 시에 고려사항이다. (   )안에 알맞은 용어를 쓰시오. (6점)

> ▶ (   )의 뒷면이 변색 되거나 호흡 시 이상한 냄새를 느끼는 경우
> ▶ 여과재의 수축, 파손, 변형이 발생한 경우
> ▶ (   )이 현저히 상승 또는 (   )이 저하가 인정된 경우
> ▶ 머리끈의 탄력성이 떨어지는 등 신축성의 상태가 불량하다고 인정된 경우
> ▶ 면체, 흡기배기, 배기밸브 등의 균열 또는 변형된 경우
> ▶ 기타 방진마스크를 사용하기가 곤란한 경우

답

정답 ① 여과재, ② 흡기저항, ③ 분진 포집 효율
출처 교재 435p

18 일반화재, 유류화재, 전기화재, 금속화재 중 전기화재의 색상은? (4점)

답

정답 청색
출처 교재 391p

2019.11.9.시행 제2회 실기 기출문제 및 해설

01 농약의 안전사용기준 3가지를 적으시오.

답

정답 (1) 농약의 적용대상 농작물과 적용 대상 병해충을 확인 한 후 사용하고 사용방법 및 사용량을 준수하여 사용해야 한다.
(2) 농약의 사용 시기, 재배기간 중의 사용가능 횟수를 준수해야 한다.
(3) 사용대상자 외에는 농약을 함부로 사용하지 않는다.
(4) 사용지역이 제한되는 농약의 경우 사용제한지역에서 사용하지 않는다.
(5) 안전사용기준과 다르게 농약 사용 및 판매 할 경우 농약관리법 제 40조에 의거 과태료 등의 처벌을 받을 수 있다.
출처 교재 191p

02 비닐하우스 내에서 수박을 재배하는 경우의 대표적인 유해위험요인과 증상을 각각 1가지씩 쓰시오.

답

정답 • 농약 (각종 급성중후군, 만성 신경영향, 면역기능 약화 등)
• 불편한 자세 및 반복 동작 (요통, 관절염 등)
• 알레르기원 (피부염, 호흡기질환)
• 밀폐 및 고온다습 환경 (혈압 상승, 호흡곤란 등)
출처 교재 24p

03 다음 보기의 내용이 설명하는 안전화 종류를 순서대로 쓰시오.

- 물체의 낙하, 충격 및 바닥으로 날카로운 물체에 의한 찔림 위험으로부터 발을 보호하고 아울러 전기에 의한 감전을 방지 : (①)
- 물체의 낙하, 충격 및 바닥으로 날카로운 물체에 의한 찔림 위험으로부터 발을 보호하고 방수, 내화학성 기능의 안전화 : (②)
- 물체의 낙하충격에 의한 위험방지 및 날카로운 것에 대한 찔림방지 : (③)

답

정답 ① 절연화, ② 고무제 안전화 (보호장화), ③ 가죽제 안전화

출처 안전화의 종류 (교재 442p)

종류	기능	등급
가죽제 안전화	물체의 낙하충격에 의한 위험방지 및 날카로운 것에 대한 찔림방지 (기본기능)	중작업용 보통작업용 경작업용
고무제 안전화 (보호장화)	기본기능 및 방수, 내화학성 기능의 안전화 또는 보호장화	
정전화	기본기능 및 정전기의 인체 대전방지	
절연화 및 절연장화	기본기능 및 감전방지	

04 하인리히법칙에서, 경상이 58건일 경우 무상해 사고건수는 몇 건인가?

답

정답 600건

정답 330회의 사고 중에 중상 또는 사망 1회, 경상 29회, 무상해 사고 300회의 비율로 사고가 발생한다는 이론이다. (1 : 29 : 300 법칙)

출처 교재 73p

05 OWAS 체크리스트에서 평가하는 신체부위를 4가지 쓰시오.

답

정답 허리, 팔(어깨), 다리, 하중/힘

출처 OWAS체크리스트의 작업자세 코드 (교재 284p)

코드	허리	팔 (어깨)	다리	하중 / 힘
1	곧바로 편 자세 (서있음)	양손을 어깨 아래로 내린 자세	의자에 앉은 자세	10kg 이하
2	상체를 앞으로 굽힌 자세	한 손만 어깨 위로 올린 자세	두 다리를 펴고 선 자세	10kg ~ 20kg
3	바로 서서 허리를 앞으로 비튼 자세	양손 모두 어깨 위로 올린 자세	한 다리로 선 자세	20kg 이상
4	상체를 앞으로 굽힌 채 옆으로 비튼 자세		두 다리로 구부린 자세	
5			한 다리로 서서 구부린 자세	
6			무릎 꿇는 자세	
7			걷기	

06 축산기계 그래플의 안전사용기준 3가지를 쓰시오.

답

정답 ① 작업 중 그래플의 작업범위나 선회반경 내에 사람이 접근하지 못하도록 하는 등 안전을 확인한다.
② 그래플 아래에는 서 있지 않는다.
③ 점검정비할 때에는 그래플을 하강한 상태에서 하며, 어쩔 수 없이 들어올린 상태에서 점검정비할 때에는 하강하지 않도록 받침대 등으로 받쳐준다.
④ 반드시 탈부착 프레임과 작업기가 완전하게 체결되도록 하고 작업에 임한다.
⑤ 작업중량을 초과하여 사용시 베일이 떨어질 우려가 있으므로 반드시 적정 용량으로 사용한다.
⑥ 이동시 그래플을 높게 들고 다니면 전복의 원인이 되므로 하강한 상태에서 이동한다.
⑦ 베일집게에 붙은 이물질을 제거하고 깨끗이 청소한다.
출처 교재 182p

07 허리, 어깨, 다리, 팔, 손목 등의 부적절한 자세와 반복성, 중량물 작업 등이 복합적으로 문제되는 작업의 체크리스트는?

답

정답 REBA

출처 교재 281p

평가방법	적합한 평가 부위	평가에 적합한 작업
OWAS	허리 → 어깨(팔) → 다리	쪼그리거나 허리를 많이 숙이거나, 팔을 머리 위로 들어 올리는 작업
REBA	손, 아래팔, 목, 어깨, 허리, 다리 부위 등 전신	허리, 어깨, 다리, 팔, 손목 등의 부적절한 자세와 반복성, 중량물 작업 등이 복합적으로 문제되는 작업
JSI	손목, 손가락 부위	수확물 선별 포장, 혹은 반복적인 전지가위 사용 등 손목, 손가락 등을 반복적으로 사용하거나 힘을 필요로 하는 작업
NLE	허리 부위	중량물을 반복적으로 드는 작업

08 로직트리 분석기법에 대하여 설명하시오.

답

정답 사고의 원인이 되는 사실을 논리적으로 나무형태로 그려나가는 기법으로서, 발생된 재해에 대해서 재해를 구성하고 있는 사실들을 거꾸로 추적하여 근본적 원인을 찾아내는 시스템적 분석 기법이다

출처 교재 123p

09 집단토론 방식의 하나이며, 한 그룹당 6명씩의 소집단에서 한 사람이 6분간 자유토론하는 방식으로 진행하여, 그 결과를 가지고 전체가 토의하는 방식으로, 6-6토의라고도 불리우는 토의법을 무엇이라 하는가?

답 _____

정답 버즈세션

출처 집단교육의 유형

구 분	내 용
강연회	강의, 연설 등에 의해서 이루어지는 일방적인 의사전달방법
집단토론	10~20명으로 구성되며, 각자 의견을 발표 후 사회자가 전체의 의견을 종합할 수 있어서 효과적인 방법
심포지움 (학술대회)	몇 사람의 전문가에 의하여 과제에 관한 견해를 발표하고 참가자로 하여금 의견이나 질문을 하게 하는 토의방식
포 럼	새로운 자료나 교재를 제시하고 거기에서의 문제점을 피교육자로 하여금 제기하게 하거나, 의견을 여러 가지 방법으로 발표하게 하고, 다시 청중과 토론자간 활발한 의견개진 과정을 통하여 깊이 파고 들어가 토의하고 합의를 도출하는 방법 (심포지엄보다 청중의 참여가 더 적극적임) (2017.산업안전기사 제2회 1차 기출)
배심토의 (단상토의, 패널토의)	어떤 주제에 대해 대립되거나 다양한 견해를 가진 전문가가 청중 앞의 단상에서 자유롭게 토의하는 방식으로 사회자가 가운데서 이야기를 진행, 정리해 나가는 토의 (예 ; 100분 토론)
버즈세션 (분단토의)	참가자가 다수인 경우에 전원을 토의에 참가시키기 위한 방법으로 소집단을 구성하여 회의를 진행 시키며 6-6 회의라고도 하는 토의법
역할극	교육내용을 청중앞에서 실연하여 시청각 교육의 효과를 얻는 방법
워크샵	특정 직종에 종사하는 사람들이 서로 경험하고 연구하고 있는 사항을 발표하고 의논하는 방법
세미나	구성원들이 몇 개의 소주제로 나누어 연구발표하고, 이를 바탕으로 전 회원의 토론을 통하여 대주제에 이르도록 하는 연구활동
문제해결법	현실적인 장면에서 당면하는 여러 문제들을 해결해 나가는 과정에서 지식,기능, 태도,기술 등을 종합적으로 획득하도록 하는 학습방법
브레인스토밍	집단적 창의적 발상 기법으로, 집단에 소속된 인원들이 자발적으로 자연스럽게 제시된 아이디어 목록을 통해서 특정한 문제에 대한 해답을 찾고자 노력하는 방법으로 가능한 한 많은 아이디어의 수량과, 아이디어에 대한 비난자제를 원칙으로 함

10 농어업인의 안전보험 및 안전재해예방에 관한 법률상 농어업안전재해로 인정하는 농어업작업 관련사고 2가지를 쓰시오

답

정답 농어업작업안전재해로 인정하는 농어업작업 관련사고 (법 제8조)
가. 농어업인 및 농어업근로자가 농어업작업이나 그에 따르는 행위(농어업작업을 준비 또는 마무리하거나 농어업작업을 위하여 이동하는 행위를 포함한다)를 하던 중 발생한 사고
나. 농어업작업과 관련된 시설물을 이용하던 중 그 시설물 등의 결함이나 관리 소홀로 발생한 사고
다. 그 밖에 농어업작업과 관련하여 발생한 사고

출처 교재485p

보충 농어업안전재해의 인정기준(법 제8조)

구 분	내 용
농어업 작업 관련 사고	가. 농어업인 및 농어업근로자가 농어업작업이나 그에 따르는 행위(농어업작업을 준비 또는 마무리하거나 농어업작업을 위하여 이동하는 행위를 포함한다)를 하던 중 발생한 사고 나. 농어업작업과 관련된 시설물을 이용하던 중 그 시설물 등의 결함이나 관리 소홀로 발생한 사고 다. 그 밖에 농어업작업과 관련하여 발생한 사고
농어업작업 관련 질병	가. 농어업작업 수행 과정에서 유해·위험요인을 취급하거나 그에 노출되어 발생한 질병 나. 농어업작업 관련 사고로 인한 부상이 원인이 되어 발생한 질병 다. 그 밖에 농어업작업과 관련하여 발생한 질병

11 자외선에 의한 눈의 질병 3가지를 쓰시오

답

정답 광각막염, 결막염, 백내장
출처 교재 404p

2차 실기문제집

12 다음 보기의 장소에서 사용해야 하는 개인보호구를 쓰시오.

> - 유해물질의 종류, 농도가 불분명한 장소
> - 작업강도가 매우 큰 작업
> - 산소결핍이 우려되는 장소

답

정답 송기마스크
출처 교재 437

보충 방독마스크와 송기마스크의 용도

방독마스크	송기마스크
• 충분한 산소(18% 이상)가 있는 장소 • 유해가스(2% 미만) 발생 장소	• 산소 결핍(18% 이하)이 우려되는 작업 • 고농도의 분진, 유해물질, 가스 등이 발생하는 작업 • 유해물질 종류와 농도가 불명확한 작업 • 작업강도가 높거나 장시간 작업 • 유해가스 농도 2%(암모니아 3%) 이상인 장소

13 다음 보기의 ( )안에 알맞은 용어를 고르시오.

> 논둑을 넘을 때는 차체가 논둑에 대해 (직각, 45도)이/가 되게 해서 저속으로 이동하고 높이 차가 큰 경우 (디딤판, 자갈)을 이용한다.
> 포장의 출입로는 경사를 (완만하게, 급하게) 하고 충분한 폭을 가지도록 하며, 연약한 부분은 보강하여 농업기계가 출입하는데 용이하도록 정비한다.

답

정답 직각, 디딤판, 완만하게
출처 교재 p.151

14 다음 보기의 내용은 농업기계 작업시 유의사항이다. (   )안에 알맞은 단어를 쓰시오.

> 운반용 트럭에 상하차할 때에는 디딤판의 경사가 15도 이하가 되도록 한다.
> 경사지에서 등고선 방향으로 주행할 경우에는 분담하중이 큰 쪽을 가능한 한
> (   )쪽으로 향하도록 한다.

답

정답 15, 높은
출처 교재 151p, 180p

15 다음 보기의 (   )안에 알맞은 용어를 쓰시오

> 제초제로 많이 사용되던 파라쿼트 계열의 고독성 농약은 인축독성이 매우 강하
> 고 농약중독 사고가 많이 발생하여 2012년에 시판 및 보관이 금지되었다. 이를
> 대체하기 위해서 (   )원제 농약이 선호되고 그 사용량이 증가하고 있다.
> 고독성 농약인 파라쿼트 계열을 대체하기 위하여 사용되는 (   )의
> 인체 유해성에 대해서는 아직 국제적으로 합일된 결론에 도달하지는 못한 실정
> 이다. 현재로선 국제적으로 가장 권위있는 국제보건기구(WHO) 산하 기관인
> 국제암연구소(IARC)에서는 (   )를 발암성이 추정되는 물질(그룹 2A)로
> 분류하고 있다.

답

정답 글리포세이트
출처 교재 194

16 다음 표를 보고 두 재배작물의 총 농약 노출량을 계산하시오

재배작물	평	농약살포횟수	시 간
오이 (시설)	2,000평	7	3
고추 (노지)	400평	5	4

답

정답 0.0605

해설
- 노출량 (Dose) = 노출 시간(T) × 노출 수준(C)
- 오이시설재배시 농약노출량 = (3 × 7) / 2000평 = 21/ 2,000평 = 0.0105
- 고추시설재배시 농약노출량 = 4 × 5 = 20/ 400 = 0.05
- 총 노출량 = 0.0105 + 0.05 = 0.0605

출처 교재 201p.

참고논문 (작목별 농약 노출에 따른 안전관리 수준에 관한 연구, 농촌진흥청 국립농업과학원 농업인안전보건팀. 2018)

> 농약 노출량 (Exposure levels of pesticide)
> =('농약살포 횟수/년'*'살포 시간/하루')/작목 규모(ha,헥타르)

17 근골격계질환의 3단계 발전별 각각의 증상을 1가지씩 쓰시오.

답

정답
- 1단계 : 작업 시간 중에 통증이나 피로감을 호소한다. 그러나 밤새 휴식을 취하게 되면 회복된다. 평상시에 작업 능력의 저하가 발생하지는 않는다. 이러한 상황은 몇 주 또는 몇 달 지속될 수 있으며, 다시 회복될 수 있다.
- 2단계 : 작업 시간 초기부터 발생하여 하룻밤이 지나도 통증이 계속된다. 통증 때문에 수면이 방해받으며, 반복된 작업을 수행하는 능력이 저하된다. 이러한 상황이 몇 달 동안 계속된다.
- 3단계 : 휴식을 취할 때에도 계속 통증을 느끼게 되고, 반복되는 움직임이 아닌 경우에도 통증이 발생하게 된다. 잠을 잘 수 없을 정도로 고통이 계속되며 낮에도 작업을 수행할 수 없게 되고, 일상 중 다른 일에도 어려움을 겪게 된다

출처 교재 264p

18 산업안전·보건 표지판 중 다음 그림의 표지이름을 쓰시오

답 _____

정답 넘어짐 주의
출처 출처 : 교재범위 벗어남

해설 안전·보건표지의 종류와 형태

 넘어짐 주의	 몸균형 상실주의	 미끄럼 주의	 몸끼임 주의	 문여닫음 주의
 불규칙노면 주의	 추락주의	 계단주의	 발끼임 주의	
 손눌림 주의	 손눌림 주의	 손잘림 주의	 찔림주의	 미사용 전원 차단
 뜨거움 주의	 뜨거움 주의	 뜨거움 주의	 부식성물질 주의	

 이륜자동차주의	 지게차 주의	 승용자동차 주의	 화물자동차주의	
 끼임주의	 끼임주의	 끼임주의 (기어)	 끼임주의(기어)	 끼임주의(로울러)	 끼임주의(로울러)
 낙하물 주의	 낙하물 주의	 매달린 물체주의	 머리 주의	 넘어지기쉬운물건주의
 크레인작업주의	 크레인작업주의	 크레인작업주의		
 주의 (수리중)	 주의 (작업중)	 주의 (청소중)		
 소음발생장소	 위험장소	 전파발생장소	 출입통제지역	

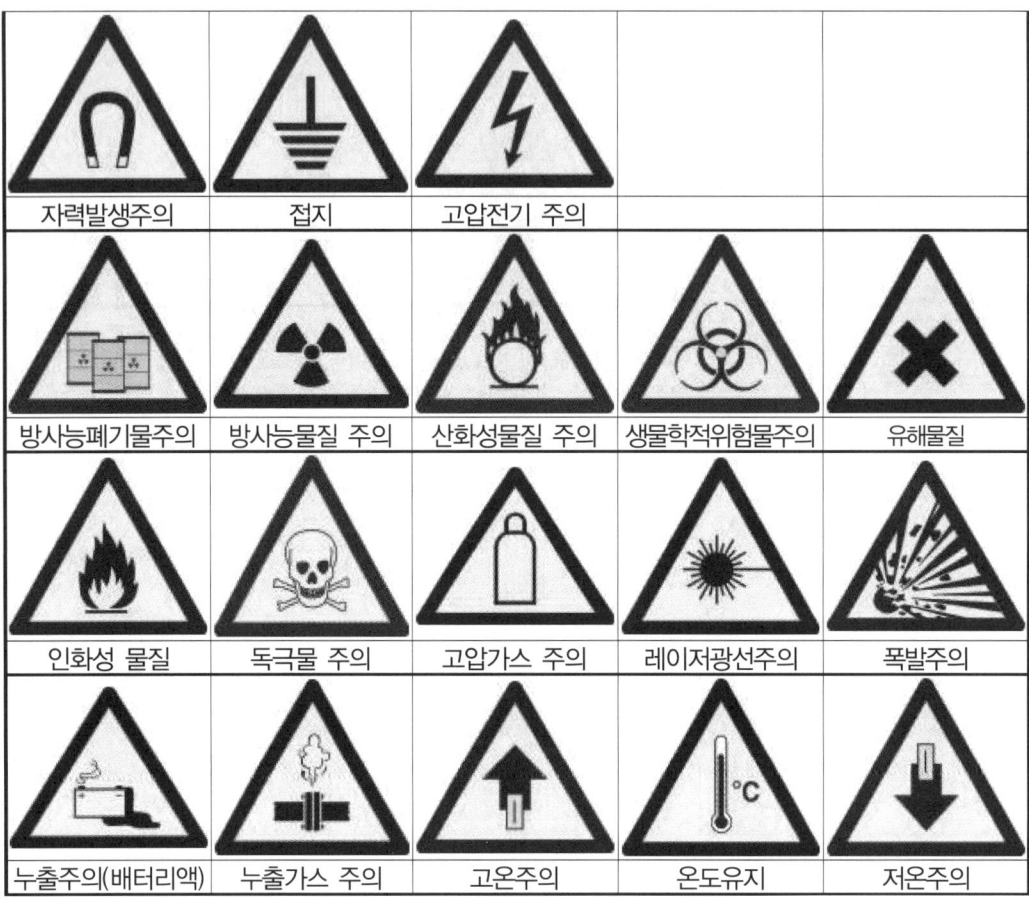

농업인건강안전정보센터
농작업 안전관리자 육성 교육교재

작업자세 분석도구

학습목표

1. RULA를 활용하여 농작업자세를 분석할 수 있다.
2. REBA를 활용하여 농작업자세를 분석할 수 있다.
3. OWAS를 활용하여 농작업자세를 분석할 수 있다

RULA(Rapid Upper Limb Assessment)

RULA(Rapid Upper Limb Assessment)

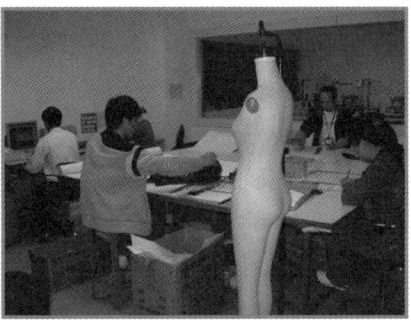

의류산업체 및 다양한 제조업의 작업을 대상으로 하여 어깨, 팔, 손목, 목 등 상지(Upper Limb)에 초점을 맞추어서 작업자세로 인한 작업부하를 쉽고 빠르게 평가하기 위해 만들어진 기법

평가 절차

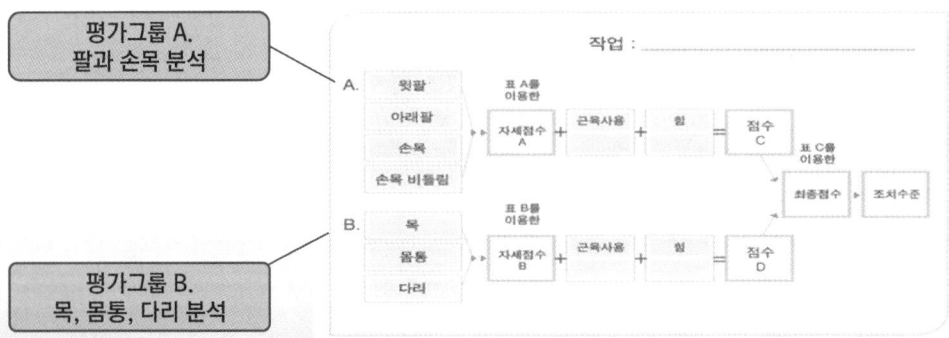

평가그룹 A. 팔과 손목 분석

평가그룹 B. 목, 몸통, 다리 분석

평가그룹 A. 팔과 손목 분석 – 윗팔

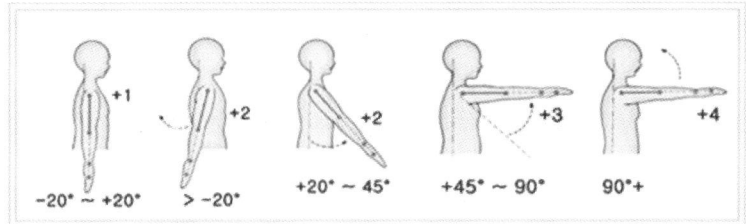

- 윗팔의 자세가 어디에 속하느냐에 따라 점수 부여
- 상체의 움직임과는 상관없이 관상면과 윗팔 사이의 각도로 평가
- 추가점수 부여

평가그룹 A. 팔과 손목 분석 – 아랫팔

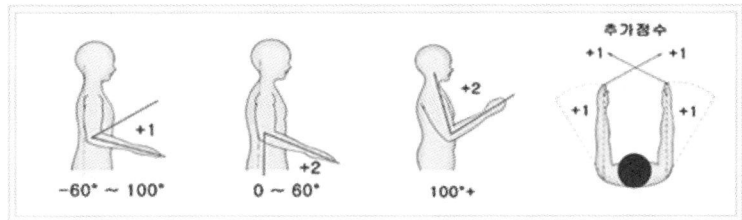

- 작업 중 아래 팔의 자세가 어디에 속하는가에 따라 해당점수 부여
- 추가점수 부여

평가그룹 A. 팔과 손목 분석 – 아랫팔

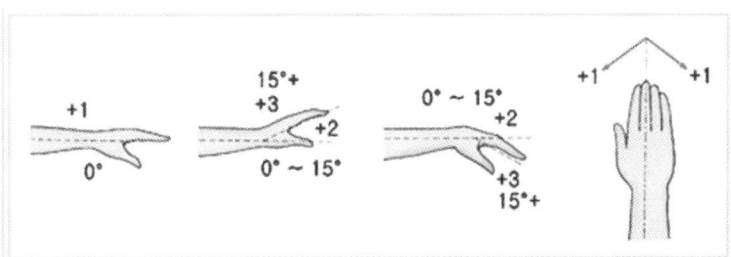

- 손목의 자세가 어디에 속하느냐에 따라 점수 부여
- 추가점수 부여
- 손목의 비틀림에 따라 해당점수 부여

평가그룹 A 점수 환산

팔	아래팔	손목자세 점수							
		1		2		3		4	
		손목 비틀림		손목 비틀림		손목 비틀림		손목 비틀림	
		1	2	1	2	1	2	1	2
1	1	1	2	2	2	2	3	3	3
	2	2	2	2	2	3	3	3	3
	3	2	3	3	3	3	3	4	4
2	1	2	3	3	3	3	3	4	4
	2	3	3	3	3	3	4	4	4
	3	3	4	4	4	4	4	5	5
3	1	3	3	4	4	4	4	5	5
	2	3	4	4	4	4	4	5	5
	3	4	4	4	4	4	5	5	5
4	1	4	4	4	4	4	5	5	5
	2	4	4	4	4	4	5	5	5
	3	4	4	4	5	5	5	6	6
5	1	5	5	5	5	5	6	6	7
	2	5	5	6	6	6	7	7	7
	3	6	6	6	7	7	7	7	8
6	1	7	7	7	7	7	8	8	9
	2	8	8	8	8	8	9	9	9
	3	9	9	9	9	9	9	9	9

점수 C =
점수 A+ 근육사용점수+ 힘/무게 점수

평가그룹 B. 목,몸통, 다리의 분석- 목

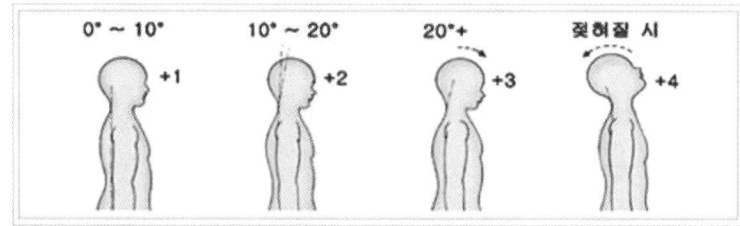

- 작업 중 목의 자세가 어디에 주로 속하는가에 따라 해당점수 부여
- 추가점수 부여

평가그룹 B. 목,몸통, 다리의 분석- 몸통

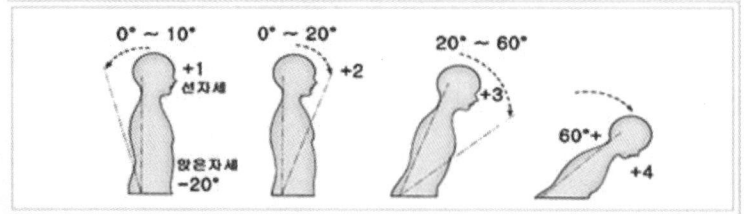

- 작업 중 몸의 자세가 어디에 주로 속하는가에 따라 해당점수 부여
- 추가점수 부여

평가그룹 B. 목, 몸통, 다리의 분석 - 다리

- 다리와 발이 균형이 잡힌 상태에서 지탱이 될 경우: +1
- 그렇지 않을 경우: +2

평가그룹 B 점수 환산

목자세 점수	몸통자세 점수										
	1		2		3		4		5		6
	다리		다리		다리		다리		다리		다리
	1	2	1	2	1	2	1	2	1	2	1	2
1	1	3	2	3	3	4	5	5	6	6	7	7
2	2	3	2	3	4	5	5	5	6	7	7	7
3	3	3	3	4	4	5	6	6	6	7	7	7
4	5	5	5	6	6	7	7	7	7	7	8	8
5	7	7	7	7	7	8	8	8	8	8	8	8
6	8	8	8	8	8	8	9	9	9	9	9	9

점수 D = 점수 B + 근육사용점수 + 힘/무게 점수

최종합산

점수 C	점수 D						
		1	2	3	4	5	6	+7
	1	1	2	3	3	4	5	5
	2	2	3	3	4	4	5	5
	3	3	3	3	4	4	5	6
	4	3	3	3	4	5	6	6
	5	3	4	4	5	6	7	7
	6	4	4	5	6	6	7	7
	7	5	5	6	6	7	7	7
	8	5	5	6	7	7	7	7

조치단계 1: 최종점수가 1-2점
수용 가능

조치단계 2: 최종점수가 3-4점
계속 추적 관찰 필요

조치단계 3: 최종점수가 5-6점
계속적 관찰과 빠른 개선 필요

조치단계 4: 최종점수가 7점 이상
정밀조사와 즉각적 개선 필요

REBA(Rapid Entire Body Assessment)

REBA(Rapid Entire Body Assessment)

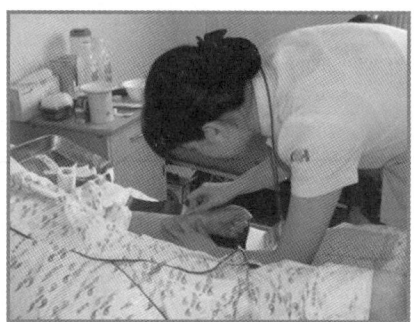

간호사 등과 같이 예측하기 힘든 자세에서 이루어지는 서비스업에서 전체적인 신체에 대한 부담 정도와 위해 인자에의 노출 정도를 분석하기 위한 목적으로 개발되었음

평가 절차

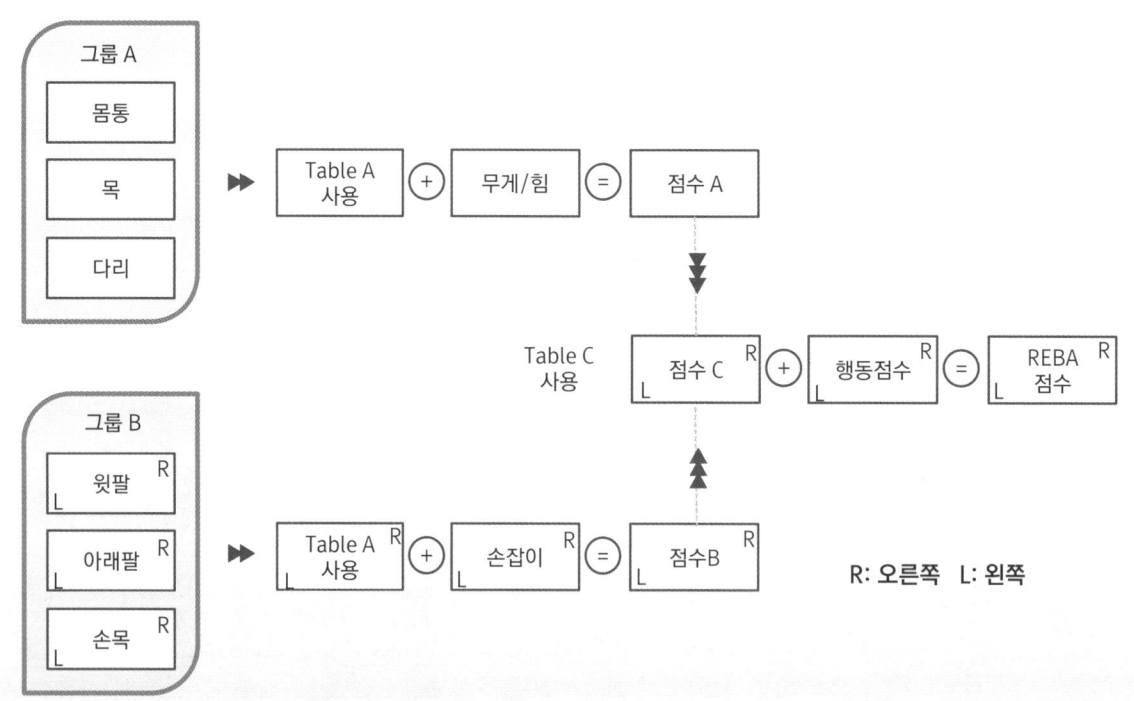

평가 그룹 A. 몸통, 목, 다리 평가 – 몸통

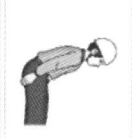

지수	작업자세설명
1	곧바로 선 자세
2	0~20도 구부리거나 0~20도 뒤로 젖힘
3	20~60도 구부리거나 20도 이상 뒤로 젖힘
4	60도 이상 구부림
+1	몸통이 비틀리거나 옆으로 구부러질 때

평가 그룹 A. 몸통, 목, 다리 평가 – 목

지수	작업자세설명
1	곧바로 선 자세
2	0~20도 구부리거나 0~20도 뒤로 젖힘
3	20~60도 구부리거나 20도 이상 뒤로 젖힘
4	60도 이상 구부림
+1	몸통이 비틀리거나 옆으로 구부러질 때

평가 그룹 A. 몸통, 목, 다리 평가 – 다리

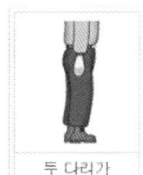

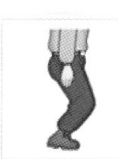

지수	작업자세설명
1	두 다리가 모두 나란하거나 걷거나 앉아있을 시
2	발바닥이 한발만 땅에 지지되어질 시
+1	무릎이 30~60도 사이로 구부러질 시
+2	무릎이 60도 이상 구부러질 시

평가 그룹 A. 몸통, 목, 다리 평가 – 몸통

그룹A	목											
	1				2				3			
몸통	다리				다리				다리			
	1	2	3	4	1	2	3	4	1	2	3	4
1	1	2	3	4	1	2	3	4	3	3	5	6
2	2	3	4	5	3	4	5	6	4	5	6	7
3	2	4	5	6	4	5	6	7	5	6	7	8
4	3	5	6	7	5	6	7	8	6	7	8	9
5	4	6	7	8	6	7	8	9	7	8	9	9

점수 A=
그룹 A의 종합 부하수치 + 무게/힘 점수

평가 그룹 B. 윗팔, 아래팔, 손목 평가 – 윗팔

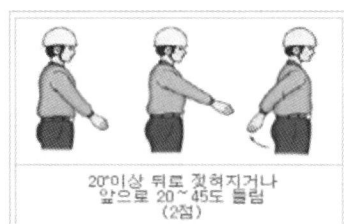
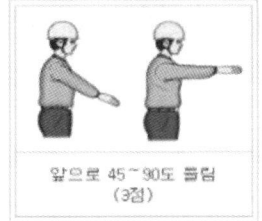

지수	작업자세설명
1	20도 뒤로 젖혀지거나 앞으로 20도 들림
2	20도이상 뒤로 젖혀지거나 20~45도 들림
3	앞으로 45~90도 들림
4	앞으로 90도 이상 들림
+1	윗팔이 벌어지거나 회전시
+1	어깨가 들려진다면
-1	팔이 무엇인가에 지탱되거나 기대어질 시

평가 그룹 B. 윗팔, 아래팔, 손목 평가 – 아래팔

지수	작업자세설명
1	60~100도 사이의 들림
2	0~20도 구부리거나 0~20도 뒤로 젖힘

평가 그룹 B. 윗팔, 아래팔, 손목 평가 – 손목

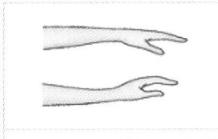
0~15도 사이의 꺾임이나 들림
(1점)

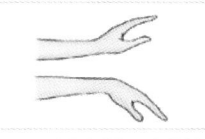
15도 이상의 들림이나 꺾임
(2점)

손목이 비틀어 질시 추가사항(+1점)

지수	작업자세설명
1	0~15도 사이의 꺾임이나 들림
2	15도 이상의 꺾임이나 들림
+1	손목이 비틀어질 시

평가 그룹 B 점수 평가

그룹B	아래팔					
	1			2		
윗팔	손목			손목		
	1	2	3	1	2	3
1	1	2	2	1	2	3
2	1	2	3	2	3	4
3	3	4	5	4	5	5
4	4	5	5	5	6	7
5	6	7	8	7	8	8
6	7	8	8	8	9	9

점수 B =
그룹 B의 종합 부하수치 + 손잡이 점수

	작업자세설명
0	무게 중심에 위치한 튼튼하고 잘 고정된 적절한 손잡이가 있는 경우
1	어느 정도 적절한 손잡이가 있는 경우이거나 대상물의 한 부위가 손잡이 대용으로 사용 가능한 경우
2	비록 들 수는 있으나 손으로 들기에 적절하지 않고 손잡이가 있으나 부적절한 경우
3	손잡이가 없거나 위험한 형태의 손잡이가 있는 경우

총괄적 작업 부하 결정

SCORE A \ SCORE B	1	2	3	4	5	6	7	8	9	10	11	12
1	1	1	1	2	3	3	4	5	6	7	7	7
2	1	2	2	3	4	4	5	6	6	7	7	8
3	2	3	3	3	4	5	6	7	7	8	8	8
4	3	4	4	4	5	6	7	8	8	9	9	9
5	4	4	4	5	6	7	8	8	9	9	9	9
6	6	6	6	7	8	8	9	9	10	10	10	10
7	7	7	7	8	9	9	9	10	10	11	11	11
8	8	8	8	9	10	10	10	10	10	11	11	11
9	9	9	9	10	10	10	11	11	12	12	12	12
10	10	10	10	11	11	11	11	12	12	12	12	12
11	11	11	11	12	12	12	12	12	12	12	12	12
12	12	12	12	12	12	12	12	12	12	12	12	12

〈 점수 C 산출표 〉

REBA 점수 = 점수 C + 행동 점수

〈 REBA 조치수준 〉

단계	REBA 점수	위험단계	조치
0	1	무시해도 좋음	필요 없음
1	2-3	낮음	필요할지도 모름
2	4-7	보통	필요함
3	8-10	높음	곧 필요함
4	11-15	매우 높음	지금 즉시 필요함

OWAS(Ovako Working-posture Analysis System)

OWAS(Ovako Working-posture Analysis System)

철강업에서 작업자들의 부적절한 작업자세를 평가하기 위한 관찰적 작업자세 평가기법으로 기구를 이용한 분석 방법에 비해 현장에서의 적용성이 뛰어남

OWAS 작업자세 분류 체계

신체부위	코드	작업자세설명
허리	1	곧바로 편 자세(서 있음)
	2	상체를 앞으로 굽힌 자세
	3	바로 서서 허리를 옆으로 비튼 자세
	4	상체를 앞으로 굽힌 채 옆으로 비튼 자세
팔	1	양손을 어깨 아래로 내린 자세
	2	한 손만 어깨 위로 올린 자세
	3	양손 모두 어깨 위로 올린 자세
다리	1	의자에 앉은 자세
	2	두 다리를 펴고 선 자세
	3	한 다리로 선 자세
	4	두 다리를 구부린 자세
	5	한 다리로 서서 구부린 자세
	6	무릎 꿇는 자세
	7	걷기
하중/힘	1	10kg 이하
	2	10~20kg
	3	20kg 이상

평가 그룹 B. 윗팔, 아래팔, 손목 평가 – 손목

수준	평가 내용
1	근골격계에 특별한 해를 끼치지 않음 작업자세에 아무런 조치도 필요치 않음
2	근골격계에 약간의 해를 끼침 가까운 시일 내에 작업자세의 교정이 필요함
3	근골격계에 직접적인 해를 끼침 가능한 빨리 작업자세를 교정해야 함
4	근골격계에 매우 심각한 해를 끼침 즉각적인 작업자세의 교정이 필요함

정리해봅시다!

- RULA는 어깨, 팔목, 손목, 목 등 상지(Upper Limb)에 초점을 맞추어서 작업자세로 인한 작업부하를 쉽고 빠르게 평가하기 위해 만들어진 기법임

- REBA는 비교하여 간호사 등과 같이 예측하기 힘든 다양한 자세에서 이루어지는 서비스업에서의 전체적인 신체에 대한 부담정도와 위해인자에의 노출 정도를 분석하기 위한 목적으로 개발됨

- OWAS는 관찰적 작업자세 평가기법이라 하며, 배우기 쉽고, 현장에 적용하기 쉬운 장점 때문에 많이 이용되고 있으나, 작업자세를 너무 단순화했기 때문에 세밀한 분석에 어려움이 있으며. 분석결과도 작업자세 특성에 대한 정성적인 분석만 가능함